統計処理に使う Excel 2019 活用法

データ分析に使える Excel 実践テクニック

相澤裕介●著

本書で取り上げられているシステム名／製品名は、一般に開発メーカーの登録商標／商品名です。本書では、™および®マークを明記していませんが、本書に掲載されている団体／商品に対して、その商標権を侵害する意図は一切ありません。

はじめに

　本書は、調査や実験から得たデータをもとに、さまざまな統計処理をExcelで行う方法を解説した書籍です。統計処理とは、調査や実験から得たデータをわかりやすくまとめ、分析することです。とはいえ、統計処理の漠然としたイメージは想像できても、「実際に統計処理で何を行うのか？」を把握できていない方が沢山いると思います。そこで、まずは本書で扱う統計処理の内容を簡単に紹介しておきましょう。

　本書の第1章では、**平均値**や**最大値**、**最小値**といった普段から馴染みのある指標を求める方法を解説します。また、**分散**や**標準偏差**、**偏差値**といった「統計処理の基本」となる指標を求める方法も解説します。

　第2章では、データから得た平均値が「どれだけ信頼できるか？」を探るために、**平均値の信頼区間**を求める方法を解説します。たとえば、成人男性10人を対象に「靴のサイズ」を調査した結果、その平均値が26.4cmになったとしましょう。この結果をもとに「日本人男性の靴のサイズの平均値は26.4cmである」と断言できるでしょうか？　たぶん、無理ですね。かといって、日本全国の成人男性全員について「靴のサイズ」を調べるのは不可能です。このようにサンプル調査を行う場合は、統計学を使って平均値の信頼性を推測しなければなりません。

　第3章では、2つのグループで調査や実験を行い、その**平均値を比較するときの処理手順**を解説します。こういった比較調査では、2つの平均値に多少の差が生じるのが普通です。ただし、この差が「本当に意味のある差なのか」、それとも「単なる偶然により生じた差なのか」を各自で判断しなければいけません。このような場合にも統計学が役に立ちます。もちろん、その詳しい手順が本書で解説されています。

　さらに第4章では、**3つ以上のグループについて平均値を比較する方法**、ならびに**複数の要因が関係する調査の分析方法**を解説します。このようなケースでは、**分散分析**という手法を用いて統計処理を行います。分散分析を行えるようになれば、調査や実験から得た結果をより鮮明に捉えられるようになります。

　通常、こういった統計処理を行うには複雑な計算が必要となります。でも心配はいりません。Excelには便利な関数やツールが用意されているため、簡単な操作で、さまざまな統計処理を行うことが可能です。自ら計算を行う必要はありません。数

学が得意でなくても大丈夫です。本書には複雑な数式も掲載されていますが、これらの数式の意味を必ずしも理解する必要はありません。また、本書の巻末に「統計処理でよく利用するExcel操作」を紹介してあるため、Excelに不慣れな初心者の方でも安心して作業を進められます。

　調査結果や実験結果をもとに論文を執筆する際は、統計処理により「この結果はどれくらいの信頼性があるか？」をあらかじめ把握しておく必要があります。本書を読み進めることで、その手法を皆さんが習得していただければ幸いです。

2019年4月　相澤 裕介

◆ **サンプルデータについて**
　本書の解説で使用したサンプルデータは、以下のURLからダウンロードできます。Excelで統計処理の手法を学ぶときの参考としてください。

　http://cutt.jp/books/978-4-87783-465-4/

目 次

第1章　統計処理の基本　　　　1

1.1　平均値、最大値、最小値　2
1.1.1　平均値の計算式　3
1.1.2　Excelで平均値を求める（AVERAGE）　3
1.1.3　Excelで最大値、最小値を求める（MAX、MIN）　7

1.2　度数分布グラフ（ヒストグラム）の作成　11
1.2.1　ヒストグラムの作成方法　13
1.2.2　分析ツールのアドイン　13
1.2.3　Excelでヒストグラムを作成する　16

1.3　分散　25
1.3.1　分散とは？　25
1.3.2　Excelで分散を求める（VAR.P）　26

1.4　標準偏差　31
1.4.1　標準偏差とは？　31
1.4.2　Excelで標準偏差を求める（STDEV.P）　31

1.5　偏差値　34
1.5.1　偏差値の計算方法　35
1.5.2　Excelで偏差値を求める　36
1.5.3　離れたセル範囲の平均値、標準偏差を求める　40

第2章　標本調査における平均値の信頼区間　　45

2.1　母集団と標本　46
2.1.1　標本調査とは？　46

| | **2.1.2** | 標本平均と標本分散 | 47 |

| | **2.1.3** | Excelで標本平均と標本分散を求める（AVERAGE、VAR.P）| 48 |

2.2　標本平均と母平均 · 50
2.2.1 標本平均と母平均の関係 · · · · · · · · · · · · · · · · · · 50

2.3　不偏分散 · 51
2.3.1 標本分散と母分散の関係 · · · · · · · · · · · · · · · · · · 51
2.3.2 不偏分散とは？ · 52
2.3.3 Excelで不偏分散を求める（VAR.S）· · · · · · · · · · · · 52

2.4　平均値の信頼区間 · 54
2.4.1 95％信頼区間と99％信頼区間 · · · · · · · · · · · · · · · 54
2.4.2 平均値の信頼区間の計算 · · · · · · · · · · · · · · · · · · 55
2.4.3 t分布の値をExcel関数で求める（T.INV.2T）· · · · · · · · 57
2.4.4 Excelで平均値の95％信頼区間を求める · · · · · · · · · · 59
2.4.5 Excelで平均値の99％信頼区間を求める · · · · · · · · · · 64

2.5　正規分布について · 65
2.5.1 正規分布とは？ · 65
2.5.2 正規分布と標準偏差 · 66
2.5.3 正規分布にならない事例 · · · · · · · · · · · · · · · · · · 68

2.6　Yes／Noで答えるアンケートの信頼区間 · · · · · · · · · 70
2.6.1 アンケート調査の具体例 · · · · · · · · · · · · · · · · · · 70
2.6.2 二択調査における95％信頼区間の計算式 · · · · · · · · · 73

第3章　調査結果の比較　　77

3.1　平均値の比較 · 78
3.1.1 平均値の比較と95％信頼区間 · · · · · · · · · · · · · · · 78
3.1.2 帰無仮説と対立仮説 · 80
3.1.3 t検定とは？ · 81
3.1.4 t検定とF検定 · 82

3.2 F検定で母集団の分散を比較する ……………………………… 83

    3.2.1 F検定を行う関数（F.TEST） ……………………………… 83

    3.2.2 F検定で等分散／不等分散を確認する ……………………… 84

3.3 等分散のt検定 ………………………………………………… 86

    3.3.1 t検定（等分散）の計算方法 ……………………………… 86

    3.3.2 Excelでt検定（等分散）を行う ………………………… 87

    3.3.3 分析ツールを利用したt検定（等分散） ………………… 92

3.4 不等分散のt検定 ……………………………………………… 96

    3.4.1 t検定（不等分散）の計算方法 …………………………… 96

    3.4.2 Excelでt検定（不等分散）を行う ……………………… 97

    3.4.3 分析ツールを利用したt検定（不等分散） ……………… 103

3.5 最も簡単な平均値の比較 ……………………………………… 106

    3.5.1 関数「T.TEST」の利用方法 ……………………………… 107

    3.5.2 最も簡単なt検定の手順 ………………………………… 108

    3.5.3 関数「T.TEST」でt検定を行う（等分散） …………… 109

    3.5.4 関数「T.TEST」でt検定を行う（不等分散） ………… 110

3.6 対応がある場合のt検定 ……………………………………… 112

    3.6.1 「対応がある」とは？ ……………………………………… 112

    3.6.2 対応がある場合のt検定 ………………………………… 113

    3.6.3 Excelでt検定（対応あり）を行う ……………………… 114

    3.6.4 「差の平均値」の95％信頼区間で調べる ………………… 118

3.7 比率の比較（χ^2検定） …………………………………… 121

    3.7.1 比率の比較とは？ …………………………………………… 121

    3.7.2 期待値の算出 ………………………………………………… 122

    3.7.3 Excelでχ^2検定を行う ……………………………… 126

    3.7.4 関数「CHISQ.TEST」でχ^2検定を行う …………… 131

第4章　分散分析　133

4.1　分散分析とは？ ································ 134
4.1.1　分散分析の考え方 ····························· 134
4.1.2　分散分析とF分布 ····························· 136
4.1.3　F分布表と関数「F.INV.RT」 ····················· 138

4.2　1要因の分散分析 ······························· 140
4.2.1　Excelで1要因の分散分析を行う ··················· 140
4.2.2　分析ツールで1要因の分散分析を行う ················· 150

4.3　2要因の分散分析 ······························· 154
4.3.1　要因と水準 ·································· 154
4.3.2　要因が2つある場合の分散分析 ····················· 155
4.3.3　Excelで2要因の分散分析を行う ··················· 156
4.3.4　分析ツールで2要因の分散分析を行う ················· 166

付録　統計処理でよく利用するExcel操作　171

AP-01　数式の入力 ······························· 172
AP-02　関数の利用 ······························· 174
AP-03　セル範囲の指定 ····························· 181
AP-04　オートフィル ····························· 185
AP-05　表示形式の変更 ····························· 189
AP-06　グラフの編集 ····························· 193
AP-07　統計処理で利用する関数 ····················· 202

索引 ··· 205

第1章

統計処理の基本

1.1　平均値、最大値、最小値

1.2　度数分布グラフ（ヒストグラム）の作成

1.3　分散

1.4　標準偏差

1.5　偏差値

第1章では、**平均値、最大値、最小値**といった指標をExcelで求める方法を学習します。さらに、データのばらつきを調べる**分散**や**標準偏差**、**偏差値**を算出する方法も解説します。統計の基礎となる内容ですので、よく理解しておいてください。

1.1 平均値、最大値、最小値

　まずは、日頃から馴染みのある**平均値、最大値、最小値**をExcelで求める方法を学習します。以下は、3年1組のテストの成績をまとめた表です。ただし、この表を漠然と眺めていても全体的な傾向は把握できません。このような場合は、平均値、最大値、最小値を求めるとデータの全体像が少し見えてきます。

図1-1　3年1組のテストの成績

第1章　統計処理の基本

1.1　平均値、最大値、最小値

1.1.1 平均値の計算式

　本書を手にしている皆さんは、あらためて説明しなくても**平均値**の算出方法を知っていると思います。念のため、平均値を求める計算式を以下に示しておきます。

$$平均値 = \frac{全データの合計}{データの個数} \quad （数式1\text{-}a）$$

　最大値は全データの中で最も値が大きい数値、**最小値**は全データの中で最も値が小さい数値となります。これらの指標も、あえて詳しく説明しなくても、その意味を理解できると思います。

1.1.2 Excelで平均値を求める（AVERAGE）

　Excelには、平均値を求める**関数**「**AVERAGE**」が用意されています。このため、（**数式1-a**）に示した数式を入力しなくても平均値を算出することが可能です。

◆平均値を求める関数「AVERAGE」の書式

=AVERAGE(セル範囲)

　この関数を利用して平均値を求めるときは、次ページのように操作します。

3

① 表に**平均値を求めるセル**を用意し、このセルにカーソルを移動します。

出席番号	国語	数学	英語	合計
1	56	44	77	177
2	61	48	65	174
3	49	69	51	169
4	77	51	61	189
5	65	88	72	225
6	79	36	81	196
7	63	49	63	175
8	51	52	84	187
9	89	64	60	213
10	92	73	72	237
11	47	61	50	158
12	65	49	47	161
13	71	55	61	187
14	59	36	48	143
15	55	82	68	205
16	49	91	71	211
17	44	56	59	159
18	76	77	60	213
19	66	46	76	188
20	64	51	59	174

3年1組のテスト結果 — 平均点/最高点/最低点 (カーソルを移動)

② [**数式**] **タブ**を選択します。続いて「**オートSUM**」の▼をクリックし、「**平均**」を選択します。

第1章　統計処理の基本

1.1　平均値、最大値、最小値

③ 関数「AVERAGE」が入力され、平均を求めるセル範囲が点線で示されます。今回の例ではセル範囲を訂正する必要がないため、そのまま [Enter] キーを押します。

（⇒）AP-02　関数の利用　　　（⇒）AP-03　セル範囲の指定

	A	B	C	D	E	F	G	H
1								
2		3年1組のテスト結果						
3								
4		出席番号	国語	数学	英語	合計		
5		1	56	44	77	177		
6		2	61	48	65	174		
7		3	49	69	51	169		
8		4	77	51	61	189		
9		5	65	88	72	225		
10		6	79	36	81	196		
11		7	63	49	63	175		
12		8	51	52	84	187		
13		9	89	64	60	213		
14		10	92	73	72	237		
15		11	47	61	50	158		
16		12	65	49	47	161		
17		13	71	55	61	187		
18		14	59	36	48	143		
19		15	55	82	68	205		
20		16	49	91	71	211		
21		17	44	56	59	159		
22		18	76	77	60	213		
23		19	66	46	76	188		
24		20	64	51	59	174		
25		平均点	=AVERAGE(C5:C24)					
26		最高点	AVERAGE(数値1, [数値2], ...)					
27		最低点						
28								
29								

セル範囲を確認し、[Enter] キーを押す

④ 算出された**平均値**が表示されます。

12		8	51	52	84	187		
13		9	89	64	60	213		
14		10	92	73	72	237		
15		11	47	61	50	158		
16		12	65	49	47	161		
17		13	71	55	61	187		
18		14	59	36	48	143		
19		15	55	82	68	205		
20		16	49	91	71	211		
21		17	44	56	59	159		
22		18	76	77	60	213		
23		19	66	46	76	188		
24		20	64	51	59	174		
25		平均点	64					
26		最高点						
27		最低点						
28								
29								

平均値が算出される

5

⑤ 平均値を求めるセルが横（または縦）に並んでいる場合は、**オートフィル**を利用して関数をコピーすると、関数を入力する手間を省略できます。

（⇒）AP-04　オートフィル

19	**15**	55	82	68	205		
20	**16**	49	91	71	211		
21	**17**	44	56	59	159		
22	**18**	76	77	60	213		
23	**19**	66	46	76	188		
24	**20**	64	51	59	174		
25	**平均点**	64					
26	**最高点**						
27	**最低点**						
28							
29							

オートフィルでコピー

⑥ 関数をコピーできたら、書式の引き継ぎを**オートフィル オプション**で指定します。

	A	B	C	D	E	F	G	H	I
1									
2		**3年1組のテスト結果**							
3									
4		出席番号	国語	数学	英語	合計			
5		1	56	44	77	177			
6		2	61	48	65	174			
7		3	49	69	51	169			
8		4	77	51	61	189			
9		5	65	88	72	225			
10		6	79	36	81	196			
11		7	63	49	63	175			
12		8	51	52	84	187			
13		9	89	64	60	213			
14		10	92	73	72	237			
15		11	47	61	50	158			
16		12	65	49	47	161			
17		13	71	55	61	187			
18		14	59	36	48	143			
19		15	55	82	68	205			
20		16	49	91	71	211			
21		17	44	56	59	159			
22		18	76	77	60	213			
23		19	66	46	76	188			
24		20	64	51	59	174			
25		平均点	64	59	64	187			
26		最高点							
27		最低点							
28									
29									
30									

クリック

- セルのコピー(C)
- 書式のみコピー (フィル)(F)
- 書式なしコピー (フィル)(O)

書式の引き継ぎの
有無を選択

6

第1章 統計処理の基本
1.1 平均値、最大値、最小値

⑦ 以上で平均値の算出は完了です。必要に応じて**小数点以下の表示桁数**などを調整しておきましょう。小数点以下の表示桁数は**セルの書式設定**などで指定します。

（⇒）AP-05 表示形式の変更

	出席番号	国語	数学	英語	合計
		3年1組のテスト結果			
	1	56	44	77	177
	2	61	48	65	174
	3	49	69	51	169
	4	77	51	61	189
	5	65	88	72	225
	6	79	36	81	196
	7	63	49	63	175
	8	51	52	84	187
	9	89	64	60	213
	10	92	73	72	237
	11	47	61	50	158
	12	65	49	47	161
	13	71	55	61	187
	14	59	36	48	143
	15	55	82	68	205
	16	49	91	71	211
	17	44	56	59	159
	18	76	77	60	213
	19	66	46	76	188
	20	64	51	59	174
	平均点	63.90	58.90	64.25	187.05
	最高点				
	最低点				

← 必要に応じて小数点以下の表示桁数を変更

1.1.3 Excelで最大値、最小値を求める（MAX、MIN）

「オートSUM」には、最大値を求める関数「MAX」や最小値を求める関数「MIN」も用意されています。続いては、これらを利用して最大値と最小値を求める方法を解説します。

◆最大値を求める関数「MAX」の書式

=MAX(セル範囲)

◆最小値を求める関数「MIN」の書式

=MIN(セル範囲)

① **最大値を求めるセル**にカーソルを移動します。続いて、[**数式**]タブにある「**オートSUM**」の▼をクリックし、「**最大値**」を選択します。

第1章　統計処理の基本

1.1　平均値、最大値、最小値

② 関数「MAX」が入力され、最大値を求めるセル範囲が点線で示されます。ただし、今回の例ではセル範囲が正しく指定されていません（平均値が含まれています）。

（⇒）AP-02　関数の利用

17	13	71	55	61	187	
18	14	59	36	48	143	
19	15	55	82	68	205	
20	16	49	91	71	211	
21	17	44	56	59	159	
22	18	76	77	60	213	
23	19	66	46	76	188	
24	20	64	51	59	174	
25	平均点	63.90	58.90	64.25	187.05	
26	最高点	=MAX(C5:C25)				**参照するセル範囲はC5:C25**
27	最低点	MAX(数値1, [数値2], ...)				
28						
29						

③ このような場合は、**参照するセル範囲をドラッグ**して指定しなおします（またはカッコ内の引数を修正します）。続いて、[**Enter**]キーを押すと……、

（⇒）AP-03　セル範囲の指定

	A	B	C	D	E	F	G	H
1								
2		**3年1組のテスト結果**						
3								
4		出席番号	国語	数学	英語	合計		
5		1	56	44	77	177		
6		2	61	48	65	174		
7		3	49	69	51	169		
8		4	77	51	61	189		
9		5	65	88	72	225		
10		6	79	36	81	196		
11		7	63	49	63	175		
12		8	51	52	84	187		
13		9	89	64	60	213		
14		10	92	73	72	237		
15		11	47	61	50	158		
16		12	65	49	47	161		
17		13	71	55	61	187		
18		14	59	36	48	143		
19		15	55	82	68	205		
20		16	49	91	71	211		
21		17	44	56	59	159		
22		18	76	77	60	213		
23		19	66	46	76	188		
24		20	64	51	59	174		
25		平均点	63.90	58.90	64.25	187.05		
26		最高点	=MAX(C5:C24)					
27		最低点	MAX(数値1, [数値2], ...)					
28								
29								

ドラッグして
セル範囲を変更

セル範囲を変更してから
[Enter]キーを押す

9

④ 指定したセル範囲内にある「最大の数値」（最大値）が表示されます。この関数も**オートフィル**でコピーすることが可能です。

⑤ 同様に、最小値を求めるときは「**オートSUM**」の▼をクリックして「**最小値**」を選択します。これで最小値を求める**関数「MIN」**を入力できます（以降の操作手順は、最大値を求める場合と同じです）。

第1章 統計処理の基本

1.2 度数分布グラフ（ヒストグラム）の作成

⑥ 以上で、最大値と最小値を求めることができました。なお、今回は表が見やすくなるように、小数点以下の表示桁数を1桁に統一し、太字を指定しました。

（⇒）AP-05 表示形式の変更

出席番号	国語	数学	英語	合計
1	56	44	77	177
2	61	48	65	174
3	49	69	51	169
4	77	51	61	189
5	65	88	72	225
6	79	36	81	196
7	63	49	63	175
8	51	52	84	187
9	89	64	60	213
10	92	73	72	237
11	47	61	50	158
12	65	49	47	161
13	71	55	61	187
14	59	36	48	143
15	55	82	68	205
16	49	91	71	211
17	44	56	59	159
18	76	77	60	213
19	66	46	76	188
20	64	51	59	174
平均点	63.9	58.9	64.3	187.1
最高点	92.0	91.0	84.0	237.0
最低点	44.0	36.0	47.0	143.0

3年1組のテスト結果

小数点以下の表示を1桁に変更し、太字を指定

1.2 度数分布グラフ（ヒストグラム）の作成

　平均値や最大値、最小値は、データの全体像を知る一つの指標として活用できます。しかし、これだけでは不十分な場合もあります。たとえば、次ページに示した例の場合、「3年1組」と「3年2組」の平均値や最大値、最小値は似たような数値になりますが、**データのばらつき**には差があるようです。

	A	B	C	D	E	F	G
1							
2		**数学のテスト結果**					
3							
4		出席番号	3年1組	3年2組			
5		1	44	60			
6		2	48	65			
7		3	69	47			
8		4	51	58			
9		5	88	81			
10		6	36	49			
11		7	49	52			
12		8	52	53			
13		9	64	72			
14		10	73	92			
15		11	61	37			
16		12	49	55			
17		13	55	52			
18		14	36	61			
19		15	82	75			
20		16	91	52			
21		17	56	53			
22		18	77	47			
23		19	46	61			
24		20	51	59			
25		平均点	58.90	59.05			
26		最高点	91.00	92.00			
27		最低点	36.00	37.00			
28							

図1-2 「3年1組」と「3年2組」のテストの成績

このような場合は**度数分布グラフ（ヒストグラム）**を作成すると、データの全体像を把握しやすくなります。たとえば「3年1組」と「3年2組」についてヒストグラムを作成すると**図1-3**のようになります。

図1-3 「3年1組」と「3年2組」のヒストグラム

この図を見ると、「3年2組」の方が平均値付近にデータが集中していることを確認できます。このように、ヒストグラムは**データのばらつきの傾向**を知りたい場合に活用できます。

1.2.1 ヒストグラムの作成方法

ヒストグラムを作成するときは、数値データを適当な範囲に分割し、それぞれの範囲内にあるデータの個数を集計していきます。続いて、この集計結果を棒グラフにまとめると、ヒストグラムを作成できます。

ただし、この方法が使えるのは**図1-2**のようにデータの数が少ない場合だけです。データの数が何百、何千……という規模になると、手作業で集計するのは大変な作業になりますし、各範囲にあるデータの個数を数え間違えてしまう危険性も高くなります。そこで、Excelの**分析ツール**を利用してヒストグラムを作成する方法を紹介しておきます。

1.2.2 分析ツールのアドイン

ヒストグラムを作成するには、あらかじめ**分析ツール**をExcelに追加インストールしておく必要があります。この追加インストールのことを**アドイン**といいます。分析ツールのアドインは、以下のように操作すると実行できます。

① Excelを起動して[**ファイル**]**タブ**を選択し、「**オプション**」をクリックします。

②「**Excelのオプション**」が表示されるので、左側のメニューで「**アドイン**」を選択します。続いて、「管理」に「**Excelアドイン**」が選択されていることを確認してから［**設定**］ボタンをクリックします。

③ 追加インストールする機能を選択する画面が表示されるので、「**分析ツール**」にチェックを入れ、［**OK**］ボタンをクリックします。

④ アドインが完了すると、[**データ**] **タブ**に「**データ分析**」というコマンドが追加されているのを確認できます。以上で「分析ツール」のアドインは完了です。

1.2.3 Excelでヒストグラムを作成する

それでは、**ヒストグラム**を作成するときの操作手順を解説していきましょう。

① ヒストグラムを作成するときは、あらかじめ「数値データの分割方法」を**各範囲の最大値**で指定しておく必要があります。たとえば以下のように数値を入力すると、「〜40点」「41〜50点」「51〜60点」……「91〜100点」という具合にデータ範囲を分割できます。

出席番号	3年1組	3年2組	
1	44	60	40
2	48	65	50
3	69	47	60
4	51	58	70
5	88	81	80
6	36	49	90
7	49	52	100
8	52	53	
9	64	72	
10	73	92	
11	61	37	
12	49	55	
13	55	52	
14	36	61	
15	82	75	
16	91	52	
17	56	53	
18	77	47	
19	46	61	
20	51	59	
平均点	58.90	59.05	
最高点	91.00	92.00	
最低点	36.00	37.00	

(F5:F11の範囲に数値データの分割方法を指定)

② 続いて、[**データ**]**タブ**を選択し、「**データ分析**」をクリックします。

第1章 統計処理の基本
1.2 度数分布グラフ（ヒストグラム）の作成

③「データ分析」の画面が表示されるので、**「ヒストグラム」**を選択して［OK］ボタンをクリックします。

④「ヒストグラム」の設定画面が表示されます。まずは、「入力範囲」に**集計するセル範囲**を指定します。ここでは「3年1組」のヒストグラムを作成するので、そのセル範囲は「C5:C24」となります。

（⇒）AP-03 セル範囲の指定

⑤ 次は、「データ区間」に**数値データの分割方法**を指定します。今回の例では、手順①で入力した「F5:F11」がそのセル範囲となります。

(⇒) AP-03 セル範囲の指定

	A	B	C	D	E	F	G	H	I	J	K
1											
2		数学のテスト結果									
3											
4		出席番号	3年1組	3年2組							
5		1	44	60		40					
6		2	48	65		50					
7		3	69	47		60					
8		4	51	58		70		分割方法			
9		5	88	81		80					
10		6	36	49		90					
11		7	49	52		100		分割方法のセル範囲を指定			
12		8	52	53							
13		9	64	72							
14		10	73	92							
15		11	61	37							
16		12	49	55							
17		13	55	52							
18		14	36	61							
19		15	82	75							
20		16	91	52							
21		17	56	53							
22		18	77	47							
23		19	46	61							
24		20	51	59							
25		平均点	58.90	59.05							
26		最高点	91.00	92.00							
27		最低点	36.00	37.00							

ヒストグラム ダイアログ:
入力元
入力範囲(I): C5:C24
データ区間(B): F5:F11
□ ラベル(L)
出力オプション
○ 出力先(O):
● 新規ワークシート(P):
○ 新規ブック(W)
□ パレート図(A)
□ 累積度数分布の表示(M)
□ グラフ作成(C)

マウスのドラッグでセル範囲を指定

「入力範囲」や「データ区間」をマウスのドラッグで指定することも可能です。この場合は、各項目の右端にある ⬆ をクリックし、ワークシート上をマウスでドラッグしてセル範囲を指定します。

⑥「出力オプション」に「**出力先**」を選択し、集計結果を表示する**先頭セル**を指定します。続いて「**グラフ作成**」にチェックを入れ、[OK]ボタンをクリックします。

ワークシートに集計表やヒストグラムを出力する

「出力オプション」に「**新規ワークシート**」を選択すると、新しいワークシートに集計結果とヒストグラムを出力できます。「**新規ブック**」を選択した場合は、新しいExcelファイルに集計結果とヒストグラムを出力できます。

⑦ 集計結果とヒストグラムが出力されます。

⑧ ヒストグラムの横軸には「**次の級**」という見出しが表示されています。データ範囲を適切に分割している場合、この「次の級」は不要です。グラフをクリックして選択し、集計結果の右下にある を1つ上へドラッグします。これで「次の級」をグラフの対象外にできます。

⑨ 手順②〜⑧と同様の操作を行い、「3年2組」についても集計結果とヒストグラムを出力します。

⑩ 続いて、出力されたヒストグラムのサイズを調整します。グラフをクリックして選択し、**四隅にあるハンドル**をドラッグすると、ヒストグラムのサイズを変更できます。また、グラフ内の余白をドラッグすると、ヒストグラムの位置を移動できます。

グラフのサイズを数値で指定

　ヒストグラムのサイズを数値で指定することも可能です。この場合は、グラフ（ヒストグラム）を選択した状態で[**書式**]**タブ**を選択し、「**サイズ**」に適当な数値を入力します。

⑪　ヒストグラムを適当なサイズに変更できたら、グラフを比較しやすいように左右に並べて配置します。ただし、今回の例は**縦軸の目盛間隔**が異なるため、正しい比較が行えません。

第1章　統計処理の基本

1.2　度数分布グラフ（ヒストグラム）の作成

⑫ そこで、2つのヒストグラムの目盛間隔が同じになるように調整を行います。「縦軸の最大値」が小さい方のヒストグラムを選択し、**縦軸をダブルクリック**します。

（⇒）AP-06　グラフの編集

⑬ 画面右側に「**軸の書式設定**」が表示されるので、もう一方のヒストグラムと目盛間隔が揃うように「**最大値**」の値を変更します。

⑭ ✖をクリックして「軸の書式設定」を閉じます。これで2つのヒストグラムを正しく比較できるようになりました。

⑮ 最後に「**凡例**」や「**軸ラベル**」を削除し、「**グラフ タイトル**」を変更してグラフの見た目を整えます。以上でヒストグラムの作成は完了です。

(⇒) AP-06　グラフの編集

第1章　統計処理の基本

1.3　分散

1.3 分散

　ヒストグラムは、データのばらつきを直観的に把握したいときに活用できるグラフです。その反面、感覚的で大ざっぱな結果しか得られないという弱点があります。そこで、1.3節ではデータのばらつきを数値化する方法を解説します。

1.3.1 分散とは？

　データのばらつきを数値化する最も簡単な方法は、それぞれのデータについて（値−平均値）を計算することです。そして、その結果を合計すればデータのばらつきを数値化できそうな気がします。ただし、平均値より小さいデータは（値−平均値）が負の数になるため、全てのデータについて（値−平均値）を合計すると、その答えは必ず0になってしまいます。これではデータのばらつきを示す指標として活用できません。

　そこで、各データの（値−平均値）を2乗して必ず正の数になるようにします。さらに、データの個数に応じて指標が変化しないように、この合計を（データの個数）で割ります。このようにして得られた指標は**分散**と呼ばれ、統計処理の基本的な指標となります。念のため、分散を求める計算式を示すと以下のようになります。

$$分散 = \frac{\sum\left(値 - 平均値\right)^2}{データの個数} \qquad （数式1\text{-}b）$$

　たとえば、次ページの図1-4を例にすると、「3年1組」の分散は以下の計算式で求められます。

$$「3年1組」の分散 = \frac{(44 - 58.9)^2 + (48 - 58.9)^2 + (69 - 58.9)^2 + \cdots}{20}$$

25

	A	B	C	D	E	F
1						
2		数学のテスト結果				
3						
4		出席番号	3年1組	3年2組		
5		1	44	60		
6		2	48	65		
7		3	69	47		
8		4	51	58		
9		5	88	81		
10		6	36	49		
11		7	49	52		
12		8	52	53		
13		9	64	72		
14		10	73	92		
15		11	61	37		
16		12	49	55		
17		13	55	52		
18		14	36	61		
19		15	82	75		
20		16	91	52		
21		17	56	53		
22		18	77	47		
23		19	46	61		
24		20	51	59		
25		平均点	58.90	59.05		
26						
27						

図1-4 「3年1組」と「3年2組」のテストの成績

1.3.2 Excelで分散を求める（VAR.P）

それでは、実際にExcelで**分散**を求める手順を解説していきましょう。Excelには分散を求める**関数「VAR.P」**が用意されているため、（**数式1-b**）の数式を入力しなくても簡単に分散を求められます。関数「VAR.P」の引数には「**データのセル範囲**」を指定します。

◆分散を求める関数「VAR.P」の書式

=VAR.P(セル範囲)

ここでは、「**関数の挿入**」を使って関数「VAR.P」を入力し、分散を求める手順を紹介します。

26

① 分散を求めるセルを作成し、そのセルにカーソルを移動します。続いて [**数式**] **タブ**を選択し、「**関数の挿入**」をクリックします。

（⇒）AP-02　関数の利用

②「関数の挿入」が表示されるので、検索欄に「**分散**」と入力し、[**検索開始**] **ボタン**をクリックします。

③「分散」のキーワードに関連する関数が一覧表示されます。この中から分散を求める**関数「VAR.P」**を選択し、[OK]**ボタン**をクリックします。

④ 関数「VAR.P」の**引数**を指定する画面が表示されます。「数値1」に分散を求めるデータのセル範囲「C5:C24」を指定し、[OK]**ボタン**をクリックします。このとき、↑をクリックしてセル範囲をマウスのドラッグで指定することも可能です。

(⇒) AP-03　セル範囲の指定

⑤ 関数「VAR.P」が入力され、セル範囲「C5:C24」の**分散**が表示されます。これが「3年1組」のテスト結果の分散となります（小数点以下2桁を表示）。

（⇒）AP-05　表示形式の変更

	A	B	C	D	E	F
1						
2		数学のテスト結果				
3						
4		出席番号	3年1組	3年2組		
5		1	44	60		
6		2	48	65		
7		3	69	47		
8		4	51	58		
9		5	88	81		
10		6	36	49		
11		7	49	52		
12		8	52	53		
13		9	64	72		
14		10	73	92		
15		11	61	37		
16		12	49	55		
17		13	55	52		
18		14	36	61		
19		15	82	75		
20		16	91	52		
21		17	56	53		
22		18	77	47		
23		19	46	61		
24		20	51	59		
25		平均点	58.90	59.05		
26		分散	250.89			
27						
28						

「3年1組」の分散

関数「VAR.P」を直接入力する

ここでは「関数の挿入」を利用して関数「VAR.P」を入力しましたが、これをキーボードから直接入力することも可能です。関数を直接入力するときは、セルに「**=VAR.P(セル範囲)**」と入力します。たとえば、先ほど示した例の場合、「=VAR.P(C5:C24)」と入力すると「3年1組」の分散を求められます。

⑥ **オートフィル**を利用して関数「VAR.P」をコピーします。

（⇒）AP-04　オートフィル

19	**15**	82	75		
20	**16**	91	52		
21	**17**	56	53		
22	**18**	77	47		
23	**19**	46	61		
24	**20**	51	59		
25	**平均点**	**58.90**	**59.05**		
26	**分散**	250.89			
27					
28					

オートフィルでコピー

⑦ これで「3年2組」の分散も求めることができました。この結果を見ると、「3年1組」の方が「3年2組」より**分散**が大きいことがわかります。よって、「3年1組」の方がデータのばらつきが大きいと判断できます。

	A	B	C	D	E	F
1						
2		**数学のテスト結果**				
3						
4		**出席番号**	**3年1組**	**3年2組**		
5		**1**	44	60		
6		**2**	48	65		
7		**3**	69	47		
8		**4**	51	58		
9		**5**	88	81		
10		**6**	36	49		
11		**7**	49	52		
12		**8**	52	53		
13		**9**	64	72		
14		**10**	73	92		
15		**11**	61	37		
16		**12**	49	55		
17		**13**	55	52		
18		**14**	36	61		
19		**15**	82	75		
20		**16**	91	52		
21		**17**	56	53		
22		**18**	77	47		
23		**19**	46	61		
24		**20**	51	59		
25		**平均点**	**58.90**	**59.05**		
26		**分散**	**250.89**	**157.55**		
27						
28						

「3年2組」の分散

第1章 統計処理の基本

1.4 標準偏差

1.4 標準偏差

続いては、データのばらつきを示す指標として**標準偏差**を用いる方法を紹介します。標準偏差をExcelで算出するときは、**関数「STDEV.P」**を使用します。

1.4.1 標準偏差とは…？

1.3節では、データのばらつきを数値化する方法として**分散**を紹介しました。ただし、分散の計算式には（値−平均値）^{2}が含まれるため、値が大きくなりすぎる傾向があります。また、「データの単位」と「分散の単位」が一致しないことも問題となります。たとえば、データの単位がm（メートル）であった場合、分散の単位はm^2（平方メートル）になってしまいます。

こういった問題を解決するために、**分散の平方根**をばらつきを示す指標として用いる場合もあります。こちらは**標準偏差**と呼ばれ、偏差値を算出する際にも利用される指標となります。

$$標準偏差 = \sqrt{分散}$$

$$= \sqrt{\frac{\sum\left(値 - 平均値\right)^2}{データの個数}} \qquad （数式1\text{-}c）$$

1.4.2 Excelで標準偏差を求める（STDEV.P）

それでは、Excelで**標準偏差**を求める手順を解説していきましょう。Excelには標準偏差を求める**関数「STDEV.P」**が用意されています。関数「STDEV.P」の使い方は、これまでに紹介してきた関数と基本的に同じで、カッコ内（引数）に**「データのセル範囲」**を指定するだけで標準偏差を算出できます。

◆標準偏差を求める関数「STDEV.P」の書式

=STDEV.P(セル範囲)

　では、これまでと同じデータを用いて、関数「STDEV.P」の使い方を紹介していきましょう。今回は、関数を直接入力して標準偏差を求める方法を紹介します。なお、以下に示した表では分散も算出していますが、必ずしも分散を求める必要はありません。

① 標準偏差を求めるセルを作成し、そのセルにカーソルを移動します。

	A	B	C	D	E	F
1						
2		数学のテスト結果				
3						
4		出席番号	3年1組	3年2組		
5		1	44	60		
6		2	48	65		
7		3	69	47		
8		4	51	58		
9		5	88	81		
10		6	36	49		
11		7	49	52		
12		8	52	53		
13		9	64	72		
14		10	73	92		
15		11	61	37		
16		12	49	55		
17		13	55	52		
18		14	36	61		
19		15	82	75		
20		16	91	52		
21		17	56	53		
22		18	77	47		
23		19	46	61		
24		20	51	59		
25		平均点	58.90	59.05		
26		分散	250.89	157.55		
27		標準偏差				
28						
29						

カーソルを移動

第1章　統計処理の基本

1.4　標準偏差

② セルに**関数「STDEV.P」**を入力します。ここでは「3年1組」の標準偏差を求めるので、引数のセル範囲は「C5:C24」となります。よって「=STDEV.P(C5:C24)」と入力します。

（⇒）AP-03　セル範囲の指定

	A	B	C	D	E	F
1						
2		数学のテスト結果				
3						
4		出席番号	3年1組	3年2組		
5		1	44	60		
6		2	48	65		
7		3	69	47		
8		4	51	58		
9		5	88	81		
10		6	36	49		
11		7	49	52		
12		8	52	53		
13		9	64	72		
14		10	73	92		
15		11	61	37		
16		12	49	55		
17		13	55	52		
18		14	36	61		
19		15	82	75		
20		16	91	52		
21		17	56	53		
22		18	77	47		
23		19	46	61		
24		20	51	59		
25		平均点	58.90	59.05		
26		分散	250.89	157.55		
27		標準偏差	=STDEV.P(C5:C24)			
28						
29						

データのセル範囲は「C5:C24」

関数「STDEV.P」を入力

③ **[Enter] キー**を押すと関数の入力が確定され、標準偏差が表示されます。今回の例では、「3年1組」の標準偏差は15.84となりました（小数点以下2桁を表示）。

（⇒）AP-05　表示形式の変更

20	16	91	52		
21	17	56	53		
22	18	77	47		
23	19	46	61		
24	20	51	59		
25	平均点	58.90	59.05		
26	分散	250.89	157.55		
27	標準偏差	15.84			
28					
29					

「3年1組」の標準偏差

④ **オートフィル**を利用してD27セルに関数「STDEV.P」をコピーすると、「3年2組」の標準偏差を求められます。

(⇒) AP-04　オートフィル

	A	B	C	D	E	F
1						
2		数学のテスト結果				
3						
4		出席番号	3年1組	3年2組		
5		1	44	60		
6		2	48	65		
7		3	69	47		
8		4	51	58		
9		5	88	81		
10		6	36	49		
11		7	49	52		
12		8	52	53		
13		9	64	72		
14		10	73	92		
15		11	61	37		
16		12	49	55		
17		13	55	52		
18		14	36	61		
19		15	82	75		
20		16	91	52		
21		17	56	53		
22		18	77	47		
23		19	46	61		
24		20	51	59		
25		平均点	58.90	59.05		
26		分散	250.89	157.55		
27		標準偏差	15.84	12.55		
28						
29						

「3年2組」の標準偏差

　この場合も、標準偏差の値は「3年1組」の方が大きくなります。よって、「3年1組」の方がデータのばらつきが大きいと判断できます。

1.5　偏差値

　続いては、テスト結果の分析などによく用いられる**偏差値**を求める方法を解説します。ただし、Excelには偏差値を求める関数が用意されていないため、自分で数式を入力して偏差値を求めなければいけません。

第1章　統計処理の基本

1.5　偏差値

1.5.1 偏差値の計算方法

　偏差値は、各データの分布を相対的に示した指標となります。偏差値の算出には**平均値**と**標準偏差**を利用し、以下の数式で各データの偏差値を求めます。

$$偏差値 = \left(値 - 平均値\right) \times \frac{10}{標準偏差} + 50 \quad （数式1\text{-}d）$$

	A	B	C	D	E	F	G	H
1								
2		数学のテスト結果						
3								
4			3年1組		3年2組			
5		出席番号	得点	偏差値	得点	偏差値		
6		1	44		60			
7		2	48		65			
8		3	69		47			
9		4	51		58			
10		5	88		81			
11		6	36		49			
12		7	49		52			
13		8	52		53			
14		9	64		72			
15		10	73		92			
16		11	61		37			
17		12	49		55			
18		13	55		52			
19		14	36		61			
20		15	82		75			
21		16	91		52			
22		17	56		53			
23		18	77		47			
24		19	46		61			
25		20	51		59			
26		平均点	58.90		59.05			
27		分散	250.89		157.55			
28		標準偏差	15.84		12.55			
29								
30								

図1-5 「3年1組」と「3年2組」のテストの成績

　たとえば、図1-5の「3年1組」の場合、平均値は58.9、標準偏差は15.84となるため、点数が77点の生徒（3年1組の出席番号18）の偏差値は、以下のように計算すると算出できます。

$$(77 - 58.9) \times \frac{10}{15.84} + 50 ≒ 61.4$$

偏差値の意味

　偏差値は、**平均値が50、標準偏差が10**となるようにデータ全体を調整したときに、各データがどのような数値に変換されるかを示した指標となります。データ全体が**正規分布**であった場合、偏差値と全データの関係は以下のようになります。

- 偏差値40〜60 ……… 全データの約68%が含まれる
- 偏差値30〜70 ……… 全データの約95%が含まれる
- 偏差値20〜80 ……… 全データの約99%が含まれる

1.5.2 Excelで偏差値を求める

　Excelには偏差値を求める関数が用意されていません。よって、（**数式1-d**）を自分で入力して偏差値を求めなければいけません。この数式を入力するときは、**平均値と標準偏差を絶対参照で指定する**のが基本です。これらを普通に相対参照で指定してしまうと、オートフィルで数式をコピーしたときに正しくない数式がコピーされてしまいます。注意するようにしてください。

第1章 統計処理の基本

1.5 偏差値

　以降に、**図1-5**を例にした場合の具体的な操作手順を示しておきます。偏差値を
Excelで求めるときの参考としてください。

① 偏差値を求めるセルを作成し、その先頭セルにカーソルを移動します。

	A	B	C	D	E	F	G	H
1								
2		**数学のテスト結果**						
3								
4			3年1組		3年2組			
5		出席番号	得点	偏差値	得点	偏差値		
6		1	44		60			
7		2	48		65			
8		3	69		47			
9		4	51		58			
10		5	88		81			
11		6	36		49			
12		7	49		52			
13		8	52		53			
14		9	64		72			
15		10	73		92			
16		11	61		37			
17		12	49		55			
18		13	55		52			
19		14	36		61			
20		15	82		75			
21		16	91		52			
22		17	56		53			
23		18	77		47			
24		19	46		61			
25		20	51		59			
26		平均点	58.90		59.05			
27		分散	250.89		157.55			
28		標準偏差	15.84		12.55			
29								

カーソルを移動

② セルに（**数式1-d**）を入力していきます。まずは（**値－平均値**）を入力します。こ
こでの注意点は、オートフィルで数式をコピーした際に**平均値**のセル参照を変化
させないことです。よって、平均値のセルは**絶対参照**「**$C$26**」で指定します。

（⇒）AP-01　数式の入力　　　（⇒）AP-03　セル範囲の指定

	A	B	C	D	E	F	G	H
1								
2		**数学のテスト結果**						
3								
4			3年1組		3年2組			
5		出席番号	得点	偏差値	得点	偏差値		
6		1	44	=(C6-$C$26)	60			
7		2	48		65			
8		3	69		47			

「**平均値**」は絶対参照で指定

37

③ 続いて、**×10/標準偏差**の部分を入力します。ここでも**標準偏差**のセル参照が変化しないように、C28セルを**絶対参照**「$C$28」で指定します。

（⇒）AP-03　セル範囲の指定

▲	A	B	C	D	E	F	G	H
1								
2		**数学のテスト結果**						
3								
4				3年1組		3年2組		
5		出席番号	得点	偏差値	得点	偏差値		
6		1	44	=(C6-$C$26)*10/$C$28				
7		2	48		65			
8		3	69		47			
9		4	51		58			
10		5	88		81			

「標準偏差」は絶対参照で指定

④ 最後に**50を足す**と、数式の入力が完了します。[Enter]キーを押して入力した数式を確定します。

▲	A	B	C	D	E	F	G	H
1								
2		**数学のテスト結果**						
3								
4				3年1組		3年2組		
5		出席番号	得点	偏差値	得点	偏差値		
6		1	44	=(C6-$C$26)*10/$C$28+50				
7		2	48		65			
8		3	69		47			
9		4	51		58			
10		5	88		81			

数式を入力後、
[Enter]キーを押す

⑤ 数式により算出された偏差値が表示されます。この結果を見ると、「3年1組」の44点の偏差値は40.6になることを確認できます（小数点以下1桁を表示）。

（⇒）AP-05　表示形式の変更

▲	A	B	C	D	E	F	G	H
1								
2		**数学のテスト結果**						
3								
4				3年1組		3年2組		
5		出席番号	得点	偏差値	得点	偏差値		
6		1	44	**40.6**	60			
7		2	48		65			
8		3	69		47			
9		4	51		58			
10		5	88		81			

偏差値が表示される

⑥ D6セルの数式を**オートフィル**でコピーします。相対参照と絶対参照を正しく使い分けていれば、この操作で「3年1組」全員の数式入力を完了できます。

(⇒) AP-04　オートフィル

数学のテスト結果

出席番号	3年1組		3年2組	
	得点	偏差値	得点	偏差値
1	44	40.6	60	
2	48		65	
3	69		47	
4	51		58	
5	88		81	
6	36		49	
7	49		52	
8	52		53	
9	64		72	
10	73		92	

オートフィルで数式をコピー

⑦「3年1組」全員の偏差値が算出されます。

数学のテスト結果

出席番号	3年1組		3年2組	
	得点	偏差値	得点	偏差値
1	44	40.6	60	
2	48	43.1	65	
3	69	56.4	47	
4	51	45.0	58	
5	88	68.4	81	
6	36	35.5	49	
7	49	43.7	52	
8	52	45.6	53	
9	64	53.2	72	
10	73	58.9	92	
11	61	51.3	37	
12	49	43.7	55	
13	55	47.5	52	
14	36	35.5	61	
15	82	64.6	75	
16	91	70.3	52	
17	56	48.2	53	
18	77	61.4	47	
19	46	41.9	61	
20	51	45.0	59	
平均点	58.90		59.05	
分散	250.89		157.55	
標準偏差	15.84		12.55	

「3年1組」の偏差値

⑧ 同様の手順で「3年2組」についても偏差値を求めます。「3年2組」の場合は、平均値を「$E$26」、標準偏差を「$E$28」で参照した数式を入力します。

数学のテスト結果

出席番号	3年1組 得点	3年1組 偏差値	3年2組 得点	3年2組 偏差値
1	44	40.6	60	50.8
2	48	43.1	65	54.7
3	69	56.4	47	40.4
4	51	45.0	58	49.2
5	88	68.4	81	67.5
6	36	35.5	49	42.0
7	49	43.7	52	44.4
8	52	45.6	53	45.2
9	64	53.2	72	60.3
10	73	58.9	92	76.3
11	61	51.3	37	32.4
12	49	43.7	55	46.8
13	55	47.5	52	44.4
14	36	35.5	61	51.6
15	82	64.6	75	62.7
16	91	70.3	52	44.4
17	56	48.2	53	45.2
18	77	61.4	47	40.4
19	46	41.9	61	51.6
20	51	45.0	59	50.0
平均点	58.90		59.05	
分散	250.89		157.55	
標準偏差	15.84		12.55	

「3年2組」の偏差値

1.5.3 離れたセル範囲の平均値、標準偏差を求める

先ほどの例を見ると、「3年1組」の49点（出席番号7と12）は偏差値43.7、「3年2組」の49点（出席番号6）は偏差値42.0になっているのを確認できます。このように、同じ49点でもクラスによって偏差値が異なるのは、**クラスごとに平均値や標準偏差を求めている**ことが原因です。

テスト問題が同じであった場合、このような比較方法は適切とはいえません。**全クラス共通の平均値、標準偏差**を求め、その数値から偏差値を算出するのが基本です。続いては、離れたセル範囲に入力されているデータから平均値、標準偏差を求める方法を紹介します。

第1章　統計処理の基本

1.5　偏差値

① 今回も、これまでと同じデータを使って操作手順を解説していきます。まずは、**全クラス共通の平均点**を求めます。「全クラスの平均点」を求めるセルを作成し、そこにカーソルを移動します。

	A	B	C	D	E	F	G	H
1								
2		数学のテスト結果						
3								
4			3年1組		3年2組			
5		出席番号	得点	偏差値	得点	偏差値		
6		1	44		60			
7		2	48		65			
8		3	69		47			
9		4	51		58			
10		5	88		81			
11		6	36		49			
12		7	49		52			
13		8	52		53			
14		9	64		72			
15		10	73		92			
16		11	61		37			
17		12	49		55			
18		13	55		52			
19		14	36		61			
20		15	82		75			
21		16	91		52			
22		17	56		53			
23		18	77		47			
24		19	46		61			
25		20	51		59			
26		平均点	58.90		59.05			
27								
28		全クラスの平均点						
29		全クラスの標準偏差						
30								
31								

カーソルを移動

② 平均値を求める**関数「AVERAGE」**を入力します。集計するセル範囲が複数ある場合は、それぞれのセル範囲を「**,**」（**カンマ**）で区切って指定します。今回の例では「C6:C25」と「E6:E25」という2つのセル範囲について平均値を求めるため、「=AVERAGE(C6:C25,E6:E25)」と入力します。

（⇒）AP-03　セル範囲の指定

	B	C	D	E	F	
23	18	77		47		
24	19	46		61		
25	20	51		59		
26	平均点	58.90		59.05		
27						
28	全クラスの平均点	=AVERAGE(C6:C25,E6:E25)				セル範囲を「,」で区切って列記
29	全クラスの標準偏差					
30						

41

③ これで全クラス共通の平均値を求めることができました。続いて、**全クラス共通の標準偏差**を求めます。

	A	B	C	D	E	F	G	H
1								
2		**数学のテスト結果**						
3								
4				3年1組		3年2組		
5		出席番号	得点	偏差値	得点	偏差値		
6		1	44		60			
7		2	48		65			
8		3	69		47			
9		4	51		58			
10		5	88		81			
11		6	36		49			
12		7	49		52			
13		8	52		53			
14		9	64		72			
15		10	73		92			
16		11	61		37			
17		12	49		55			
18		13	55		52			
19		14	36		61			
20		15	82		75			
21		16	91		52			
22		17	56		53			
23		18	77		47			
24		19	46		61			
25		20	51		59			
26		平均点	58.90		59.05			
27								
28		全クラスの平均点		58.98				
29		全クラスの標準偏差						
30								
31								

全クラス共通の平均値

カーソルを移動

④ 標準偏差を求める**関数「STDEV.P」**も、セル範囲を「,」（**カンマ**）で区切って列記できます。今回の例では「=STDEV.P(C6:C25,E6:E25)」と入力すると、全クラス共通の標準偏差を求められます。

21	16	91		52	
22	17	56		53	
23	18	77		47	
24	19	46		61	
25	20	51		59	
26	平均点	58.90		59.05	
27					
28	全クラスの平均点		58.98		
29	全クラスの標準偏差	=STDEV.P(C6:C25,E6:E25)			
30					
31					

セル範囲を「,」で区切って列記

⑤ これで全クラス共通の平均値と標準偏差を求めることができました。続いて、この平均値と標準偏差を利用して各データの**偏差値**を計算していきます。D6セルにカーソルを移動します。

	A	B	C	D	E	F	G	H
1								
2		数学のテスト結果						
3								
4			3年1組		3年2組			
5		出席番号	得点	偏差値	得点	偏差値		
6		1	44		60			
7		2	48		65			
8		3	69		47			
9		4	51		58			
10		5	88		81			
11		6	36		49			
12		7	49		52			
13		8	52		53			
14		9	64		72			
15		10	73		92			
16		11	61		37			
17		12	49		55			
18		13	55		52			
19		14	36		61			
20		15	82		75			
21		16	91		52			
22		17	56		53			
23		18	77		47			
24		19	46		61			
25		20	51		59			
26		平均点	58.90		59.05			
27								
28		全クラスの平均点		58.98				
29		全クラスの標準偏差		14.29				
30								
31								

カーソルを移動

全クラス共通の標準偏差

⑥ 今回の例では、偏差値を求める数式は以下のようになります。このとき、**平均値と標準偏差を絶対参照で指定する**のを忘れないようにしてください。

	A	B	C	D	E	F	G	H
1								
2		数学のテスト結果						
3								
4			3年1組		3年2組			
5		出席番号	得点	偏差値	得点	偏差値		
6		1	44	=(C6-$D$28)*10/$D$29+50				
7		2	48		65			
8		3	69		47			
9		4	51		58			
10		5	88		81			
11		6	36		49			
12		7	49		52			

「平均値」と「標準偏差」を絶対参照で指定

⑦ **オートフィル**を利用して数式を他のセルにコピーします。

（⇒）AP-04　オートフィル

	3年1組		3年2組	
出席番号	得点	偏差値	得点	偏差値
1	44	**39.5**	60	
2	48		65	
3	69		47	
4	51		58	
5	88		81	
6	36		49	
7	49		52	

数学のテスト結果

オートフィルで数式をコピー

⑧「3年2組」についても同様の手順で偏差値を算出します。もちろん、この場合も全クラス共通の平均値、偏差値を絶対参照して数式を記述します。

数学のテスト結果

出席番号	3年1組		3年2組	
	得点	偏差値	得点	偏差値
1	44	**39.5**	60	50.7
2	48	**42.3**	65	54.2
3	69	**57.0**	47	41.6
4	51	**44.4**	58	49.3
5	88	**70.3**	81	65.4
6	36	**33.9**	49	43.0
7	49	**43.0**	52	45.1
8	52	**45.1**	53	45.8
9	64	**53.5**	72	59.1
10	73	**59.8**	92	73.1
11	61	**51.4**	37	34.6
12	49	**43.0**	55	47.2
13	55	**47.2**	52	45.1
14	36	**33.9**	61	51.4
15	82	**66.1**	75	61.2
16	91	**72.4**	52	45.1
17	56	**47.9**	53	45.8
18	77	**62.6**	47	41.6
19	46	**40.9**	61	51.4
20	51	**44.4**	59	50.0
平均点	58.90		59.05	

偏差値は同じ値

　この結果を見ると、「3年1組」と「3年2組」の49点は、いずれも偏差値43.0になっているのを確認できます。もちろん、他の点数もクラスに関係なく同じ基準（平均値、標準偏差）で偏差値が算出されます。

44

第 2 章

標本調査における平均値の信頼区間

- 2.1 母集団と標本
- 2.2 標本平均と母平均
- 2.3 不偏分散
- 2.4 平均値の信頼区間
- 2.5 正規分布について
- 2.6 Yes/NO で答えるアンケートの信頼区間

第2章では、**サンプル調査**の結果から**全体の平均値を推測する方法**を解説します。サンプル調査では「調査結果の平均値」が必ずしも「全体の平均値」と一致するとは限りません。むしろ、多少の誤差を含んでいるのが普通です。このため、統計学を利用して「全体の平均値」を推測する必要があります。

2.1 母集団と標本

統計学では、調査対象となる全体像のことを**母集団**と呼びます。これに対して、実際に調査を行った対象は**標本**と呼ばれています。まずは、母集団と標本の関係、ならびに**標本平均**、**標本分散**について解説します。

2.1.1 標本調査とは？

第1章では、テスト結果を例に統計処理の基本を解説しました。このように調査対象となるデータを全て入手できる調査のことを**全数調査**といいます。一方、調査内容によっては全てのデータを入手できない場合もあります。

たとえば、アンケート調査の場合、対象となる人全員からアンケート用紙を回収しない限り、全数調査とはいえません。数十人程度のアンケートであれば全数調査も可能ですが、何百人、何千人、何万人、……という規模になると、現実問題として全員からアンケート用紙を回収するのは不可能です。同様に、製品の安全性を調べる破壊検査も全データの入手が不可能です。この場合、製作した製品を全て破壊しないと全データを入手できません。でも、これでは販売する製品がなくなってしまいますね。

このように全ての調査対象を調べることが現実的に不可能な場合は、一部のサンプルを取り出し、そのサンプルについて調査を行います。このような調査のことを**サンプル調査**または**標本調査**といいます。また、実際に調査したサンプルのことを**標本**、調査対象全体のことを**母集団**といいます。

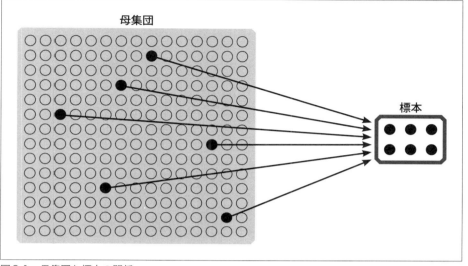

図2-1　母集団と標本の関係

　標本調査におけるポイントは、「標本から得た結果をもとに全体像を推測すること」です。言い換えると、**「標本から得られた結果はどれだけ信頼性があるか？」**となります。もちろん、的確な推測を行うには標本を無作為（ランダム）に抽出する必要もあります。実際にデータを処理する際は、標本の抽出方法にも十分注意するようにしてください。

2.1.2 標本平均と標本分散

　続いては、標本調査の指標となる「標本平均」と「標本分散」について解説します。**標本平均**とは、標本調査から得られた結果の平均値のことです。その計算方法は第1章で紹介した方法と同じで、数式で示すと以下のようになります。

$$標本平均 = \frac{サンプルデータの合計}{サンプルデータの個数} \quad （数式2\text{-}a）$$

標本分散は、標本調査から得た結果の分散となります。こちらも計算方法に変わりはなく、以下の数式で算出できます。

$$標本分散 = \frac{\sum\left(サンプルデータの値 - 標本平均\right)^2}{サンプルデータの個数} \qquad （数式2-b）$$

2.1.3 Excelで標本平均と標本分散を求める（AVERAGE、VAR.P）

それでは、Excelで**標本平均**と**標本分散**を求める手順を解説していきましょう。これらの計算方法は通常の平均値、分散と同じなので、**関数「AVERAGE」**と**関数「VAR.P」**を利用するだけで標本平均、標本分散を求められます。

ここでは、ある養鶏場で採れた卵の重さ（g）を例に操作手順を解説していきます。この養鶏場では毎日数十万個の卵が産卵されるため、その全てについて卵の重さを調べることはできません。そこで、無作為に抽出した10個の卵をサンプルデータとして全体像を推測していきます。

① まずは**標本平均**から求めていきます。標本平均を求めるセルに**関数「AVERAGE」**を入力し、その引数にサンプルデータのセル範囲を指定します。

（⇒）1.1.2　Excelで平均値を求める（AVERAGE）

	A	B	C	D	E	F	G	H
1								
2		卵の重さ（サンプル調査）						
3								
4		サンプル	重さ(g)					
5		1	56.5		標本平均	=AVERAGE(C5:C14)		
6		2	51.2		標本分散			
7		3	56.9					
8		4	57.1					
9		5	57.8					
10		6	59.5					
11		7	52.2					
12		8	55.7					
13		9	56.8					
14		10	54.7					
15								
16								

「=AVERAGE(セル範囲)」を入力

48

② これで標本平均を求めることができました。続いて**標本分散**を求めます。標本分散を求めるセルに**関数「VAR.P」**を入力し、その引数にサンプルデータのセル範囲を指定します。

（⇒）1.3.2　Excelで分散を求める（VAR.P）

③ 標本分散の計算結果が表示されます。以上で、標本平均と標本分散の算出は完了です。この結果を見ると、標本平均は 55.84（g）、標本分散は 5.74 であることが確認できました（いずれも小数点以下2桁を表示）。

2.2 標本平均と母平均

　サンプルデータから算出した**標本平均**は、あくまで「標本の平均」でしかありません。それに対して、実際に知りたい値は「母集団の平均」、すなわち**母平均**となるのが一般的です。続いては、標本平均と母平均の関係について考察していきます。

2.2.1 標本平均と母平均の関係

　ここでは、母集団のデータ数を100個として考察を進めていきます。この100個のデータを10等分し、それぞれのグループを標本①〜⑩として考えると、「母集団」と「標本」の関係を把握しやすくなります。

　まずは**図2-2**を見てください。この表を見ると、標本①〜⑩で**標本平均**の値に差があることに気付くと思います。

サンプル	標本①	標本②	標本③	標本④	標本⑤	標本⑥	標本⑦	標本⑧	標本⑨	標本⑩
1	157	155	153	135	148	148	144	156	149	160
2	145	142	154	149	154	155	160	151	159	149
3	152	164	140	151	161	155	154	161	151	148
4	155	144	147	141	148	149	165	151	149	145
5	150	150	150	147	144	164	138	149	143	149
6	153	160	151	160	146	156	156	152	138	146
7	153	163	155	144	156	156	153	154	166	154
8	155	161	141	154	144	140	140	142	158	151
9	150	158	150	149	148	155	154	148	157	159
10	151	151	137	147	161	138	142	152	153	157
標本平均	152.10	154.80	147.80	147.70	151.00	151.60	150.60	151.60	152.30	151.80
標本分散	10.29	54.56	36.16	42.61	38.40	56.64	74.24	22.64	60.21	26.16

母集団の平均	151.13		標本平均の平均	151.13

図2-2　標本平均と母平均

　では、「標本①〜⑩の標本平均」をさらに平均するとどうなるでしょうか？　この結果は151.13となり、母集団（100個のデータ）の平均値とピッタリ一致します。つまり、それぞれの標本平均には多少の差があるものの、理論上は「母集団の平均値と一致するはず」と考えられます。よって、統計学では標本平均を「**仮の平均値**」として推測を進めていきます。

50

第2章　標本調査における平均値の信頼区間

2.3　不偏分散

　もちろん、実際の標本調査では全データを入手できません（入手可能な場合は全数調査となるため、母集団の平均値を推測する必要はありません）。実際に入手できるのは標本①～⑩のいずれか1つだけです。仮に標本⑤を入手したとすると、その標本平均は151.00になるので、「**仮の平均値**」も151.00であると考えます。

2.3 不偏分散

　続いては「母集団の分散」、すなわち**母分散**について考察していきます。統計学では、**標本分散**をそのまま分散として使用するのではなく、**不偏分散**を「母分散の推定値」とするのが一般的です。

2.3.1 標本分散と母分散の関係

　今度は、**標本分散**と**母分散**の関係を見ていきましょう。以下に示した図は、**図2-2**に「母集団の分散」（母分散）を追加したものです。さらに、①～⑩の標本分散について、その平均値を算出しています。

サンプル	標本①	標本②	標本③	標本④	標本⑤	標本⑥	標本⑦	標本⑧	標本⑨	標本⑩
1	157	155	153	135	148	148	144	156	149	160
2	145	142	154	149	154	155	160	151	159	149
3	152	164	140	151	161	155	154	161	151	148
4	155	144	147	141	148	149	165	151	149	145
5	150	150	150	147	144	164	138	149	143	149
6	153	160	151	160	146	156	156	152	138	146
7	153	163	155	144	156	156	153	154	166	154
8	155	161	141	154	144	140	140	142	158	151
9	150	158	150	149	148	155	154	148	157	159
10	151	151	137	147	161	138	142	152	153	157
標本平均	152.10	154.80	147.80	147.70	151.00	151.60	150.60	151.60	152.30	151.80
標本分散	10.29	54.56	36.16	42.61	38.40	56.64	74.24	22.64	60.21	26.16

母集団の平均	151.13	
母集団の分散	46.17	

標本平均の平均	151.13	
標本分散の平均	42.19	

図2-3　標本分散と母分散

51

この例を見ると、「母集団の分散」が46.17であるのに対し、「標本分散の平均」は42.19になっていることに気付くと思います。このように、標本分散は母分散より小さくなる傾向があります。よって、標本分散をそのまま母分散として利用するのは適切ではありません。そこで、標本調査では**不偏分散**という指標を「**母分散の推定値**」として利用します。

2.3.2 不偏分散とは？

　不偏分散は以下の数式により算出される値で、母集団のばらつきを示す指標として利用されます。

$$不偏分散 = \frac{\sum \left(サンプルデータの値 - 標本平均 \right)^2}{サンプルデータの個数 - 1} \qquad （数式2\text{-}c）$$

　標本分散の数式（数式2-b）と比較すると、分母が「**サンプルデータの個数−1**」に置き換えられていることに気付くと思います。その結果、不偏分散は標本分散より少し大きな値になり、理論上は母分散に近づきます。

　「なぜ分母を（サンプルデータの個数−1）にするのか？」を証明するには、かなりの数学力を必要とするため、本書では詳しい解説を省略します。気になる方は統計学の専門書などで調べてみてください。ここでは、**不偏分散を「母集団の分散」（推定値）として利用する**と覚えおけば十分です。

2.3.3 Excel で不偏分散を求める（VAR.S）

　それでは、Excelを使って不偏分散を求めてみましょう。Excelには、不偏分散を求める**関数「VAR.S」**が用意されているため、（**数式2-c**）を入力しなくても不偏分散を算出できます。

第2章　標本調査における平均値の信頼区間

2.3　不偏分散

◆不偏分散を求める関数「VAR.S」の書式

=VAR.S(セル範囲)

　ここでは、P48と同じ「卵の重さ」を調べたサンプル調査を例に、不偏分散を求める手順を解説します。

① **不偏分散**を求めるセルを作成し、そのセルに**関数「VAR.S」**を入力します。引数にはサンプルデータのセル範囲「C5:C14」を指定します。

	A	B	C	D	E	F	G
1							
2		卵の重さ（サンプル調査）					
3							
4		サンプル	重さ(g)				
5		1	56.5		標本平均	55.84	
6		2	51.2		標本分散	5.74	
7		3	56.9		不偏分散	=VAR.S(C5:C14)	
8		4	57.1				
9		5	57.8				
10		6	59.5				
11		7	52.2				
12		8	55.7				
13		9	56.8				
14		10	54.7				
15							

「=VAR.S(セル範囲)」を入力

② 不偏分散が算出されます。今後は、この値を「**母分散の推定値**」として利用します。

	A	B	C	D	E	F	G
1							
2		卵の重さ（サンプル調査）					
3							
4		サンプル	重さ(g)				
5		1	56.5		標本平均	55.84	
6		2	51.2		標本分散	5.74	
7		3	56.9		不偏分散	6.38	
8		4	57.1				
9		5	57.8				
10		6	59.5				
11		7	52.2				
12		8	55.7				
13		9	56.8				
14		10	54.7				
15							

不偏分散

2.4 平均値の信頼区間

　ここからは、第2章の本題である**平均値**について考察していきます。前にも述べたように、**標本平均**と**母平均**は必ずしも一致するとは限りません。むしろ、多少の誤差を含んでいるのが普通です。そこで、「標本平均にはどれくらいの誤差が含まれているか？」を統計学的に計算する方法を解説します。

2.4.1　95%信頼区間と99%信頼区間

　標本調査では、母集団の全データを入手することができません。よって、正確な平均値を求めることは不可能です。そこで、**95%信頼区間**という手法で平均値の範囲を推測するのが一般的です。

・平均値の95%信頼区間とは？
　○○～○○の範囲に母集団の平均（母平均）が95%の確率で含まれる

　少し回りくどい表現ですが、要は標本から算出した標本平均にある程度の幅をもたせてやるわけです。そして、この幅の中に確率95%で本当の平均値（母平均）が含まれる、と考えます。もちろん確率95%ですので完璧ではありません。20回に1回は例外もある、というレベルの信頼性です。

　本来なら100%の確率を追求したいところですが、この場合は「平均値の信頼区間」が無限小～無限大になってしまいます。これでは数値としての意味をなしません。そこで、5%くらいの例外は我慢し、適当なところで妥協する。これが95%信頼区間となります。

なお、人命に関わる医療調査のように信頼性が重視される調査では**99%信頼区間**が採用される場合もあります。この場合、例外となる確率は100回に1回まで減少しますが、そのぶん平均値の推測範囲は広くなります。

2.4.2 平均値の信頼区間の計算

それでは、平均値の信頼区間を求める具体的な手順を解説していきましょう。信頼区間は、（**標本平均**）±（t ×**標準誤差**）で求めます。**標準誤差**の計算方法を含めた形で示すと、この数式は以下のようになります。

$$\begin{aligned}信頼区間 &= 標本平均 \pm \left(t \times 標準誤差\right) \\ &= 標本平均 \pm \left(t \times \sqrt{\frac{不偏分散}{サンプルデータの個数}}\right) \quad （数式2\text{-}d）\end{aligned}$$

この数式内にある**標本平均**、**不偏分散**の算出方法は以前に解説したとおりです。よって、t **の値**がわかれば信頼区間を算出できることになります。

t **の値**とは t **分布の値**のことで、**自由度**と**信頼区間の確率**に応じて次ページの表のように変化します。

■ *t* 分布表

自由度	確率95%	確率99%
1	12.706	63.657
2	4.303	9.925
3	3.182	5.841
4	2.776	4.604
5	2.571	4.032
6	2.447	3.707
7	2.365	3.499
8	2.306	3.355
9	2.262	3.250
10	2.228	3.169
11	2.201	3.106
12	2.179	3.055
13	2.160	3.012
14	2.145	2.977
15	2.131	2.947
16	2.120	2.921
17	2.110	2.898
18	2.101	2.878
19	2.093	2.861
20	2.086	2.845
25	2.060	2.787
30	2.042	2.750
35	2.030	2.724
40	2.021	2.704
45	2.014	2.690
50	2.009	2.678
100	1.984	2.626
200	1.972	2.601
300	1.968	2.592
∞	1.960	2.576

ここで使用する**自由度**は、「**サンプルデータの個数」から1を引いた値**となります。たとえば、サンプルデータの個数(**標本数**)が10個の場合、自由度は10-1=9となります。同様に、サンプルデータの個数(標本数)が50個であった場合、自由度は50-1=49となります。

t分布とは？

　t分布は、正規分布によく似た「つりがね型」の分布になります。その形状は、自由度によって変化し、自由度が小さくなるほど正規分布より平らな形状になります。自由度が無限大になると、t分布は正規分布に一致します。

2.4.3　t分布の値をExcel関数で求める(T.INV.2T)

　Excelにはt分布の値を調べる**関数**「**T.INV.2T**」が用意されています。よって、前ページの表を参照しなくても**tの値**を求められます。また、この関数を利用して前ページの表に掲載されていない自由度や確率におけるtの値を知ることも可能です。

◆tの値を求める関数「T.INV.2T」の書式

```
=T.INV.2T(危険率,自由度)
```

　関数「T.INV.2T」を使用するときは、引数に**危険率**を指定します。危険率とは、(**1-信頼区間の確率**)で計算される値で、95%信頼区間の場合は1-0.95=0.05が危険率となります。同様に、99%信頼区間の危険率は0.01となります。

（例）サンプルデータが20個、95%信頼区間の場合

（例）サンプルデータが15個、99%信頼区間の場合

2.4.4 Excelで平均値の95%信頼区間を求める

これで平均値の信頼区間を求める手順を解説できました。とはいえ、少し頭が混乱している方もいるでしょう。そこで、Excelを利用した具体的な手順でおさらいしておきます。

以下は「卵の重さ」をサンプル調査した結果です（2.1.3項や2.3.3項と同じ調査結果です）。この調査結果を例に、**平均値の95%信頼区間**を求める手順を解説します。なお、この計算に必要となる平方根の算出は、**関数「SQRT」**を利用して求めます。

◆平方根を求める関数「SQRT」の書式

```
=SQRT(値)
```

① 平均値の信頼区間を求めるには、**標本平均**、**不偏分散**、**tの値**が必要です。よって、これらを含めた形で計算に必要となるセルを準備します。

計算用のセルを準備する

② まずは**標本平均**を求めます。**関数「AVERAGE」**を入力し、その引数にサンプルデータのセル範囲を指定します。

（⇒）2.1.3　Excelで標本平均と標本分散を求める（AVERAGE、VAR.P）

	A	B	C	D	E	F	G	H
1								
2		卵の重さ（サンプル調査）						
3								
4		サンプル	重さ(g)					
5		1	56.5		標本平均	=AVERAGE(C5:C14)		
6		2	51.2		不偏分散			
7		3	56.9		標準誤差			
8		4	57.1		tの値			
9		5	57.8		平均値の誤差			
10		6	59.5					
11		7	52.2		◆平均値の95%信頼区間			
12		8	55.7		最大の平均値			
13		9	56.8		最小の平均値			
14		10	54.7					
15								
16								

「=AVERAGE(セル範囲)」を入力

③ 今回の例では、標本平均は55.84（g）となりました。続いて、**不偏分散**を求めます。**関数「VAR.S」**の引数にサンプルデータのセル範囲を指定します。

（⇒）2.3.3　Excelで不偏分散を求める（VAR.S）

	A	B	C	D	E	F	G	H
1								
2		卵の重さ（サンプル調査）						
3								
4		サンプル	重さ(g)					
5		1	56.5		標本平均	55.84		
6		2	51.2		不偏分散	=VAR.S(C5:C14)		
7		3	56.9		標準誤差			
8		4	57.1		tの値			
9		5	57.8		平均値の誤差			
10		6	59.5					
11		7	52.2		◆平均値の95%信頼区間			
12		8	55.7		最大の平均値			
13		9	56.8		最小の平均値			
14		10	54.7					
15								
16								

標本平均

「=VAR.S(セル範囲)」を入力

④ 今回の例では、不偏分散は6.38となりました。これで**標準誤差**を計算できます。標準誤差は(**不偏分散/サンプルデータの個数**)**の平方根**なので、関数「SQRT」を使って以下のように数式を入力します。

	A	B	C	D	E	F	G	H
1								
2		卵の重さ（サンプル調査）						
3								
4		サンプル	重さ(g)					
5		1	56.5		標本平均	55.84		不偏分散
6		2	51.2		不偏分散	6.38		
7		3	56.9		標準誤差	=SQRT(F6/10)		
8		4	57.1		tの値			
9		5	57.8		平均値の誤差			
10		6	59.5					
11		7	52.2		◆平均値の95%信頼区間			
12		8	55.7		最大の平均値			
13		9	56.8		最小の平均値			
14		10	54.7					

(不偏分散/サンプルデータの個数)の平方根

⑤ 今回の例では、標準誤差は0.80となりました。次に、関数「**T.INV.2T**」で**t の値**を求めます。このとき、引数に**危険率**を指定することに注意してください。**自由度**は(サンプルデータの個数−1)なので、今回の例では9となります。

(⇒) 2.4.3 t分布の値をExcel関数で求める (T.INV.2T)

「=T.INV.2T(危険率,自由度)」を入力

⑥ 今回の例では、「tの値」は2.26となりました。これで必要な指標が全て揃いました。続いて、**平均値の誤差**を（tの値）×（標準誤差）で求めます。

（⇒）2.4.2　平均値の信頼区間の計算

⑦ 今回の例では「平均値の誤差」が1.81（g）となりました。この値を標本平均にプラスマイナスした範囲が**平均値の95%信頼区間**となります。まずは、「最大の平均値」を（標本平均）＋（平均値の誤差）で求めます。

第2章　標本調査における平均値の信頼区間

2.4　平均値の信頼区間

⑧ 次に、「最小の平均値」を求めます。これは（**標本平均**）−（**平均値の誤差**）で計算できます。

	A	B	C	D	E	F	G	H
1								
2		卵の重さ（サンプル調査）						
3								
4		サンプル	重さ(g)					
5		1	56.5		標本平均	55.84		
6		2	51.2		不偏分散	6.38		
7		3	56.9		標準誤差	0.80		
8		4	57.1		tの値	2.26		
9		5	57.8		平均値の誤差	1.81		
10		6	59.5					
11		7	52.2		◆平均値の95%信頼区間			
12		8	55.7		最大の平均値	57.65		
13		9	56.8		最小の平均値	=F5-F9		
14		10	54.7					
15								
16								

（標本平均）−（平均値の誤差）

⑨ 以上で計算は完了です。今回の例では、**平均値の95%信頼区間**が54.03 〜 57.65（g）になると判明しました。

	A	B	C	D	E	F	G	H
1								
2		卵の重さ（サンプル調査）						
3								
4		サンプル	重さ(g)					
5		1	56.5		標本平均	55.84		
6		2	51.2		不偏分散	6.38		
7		3	56.9		標準誤差	0.80		
8		4	57.1		tの値	2.26		
9		5	57.8		平均値の誤差	1.81		
10		6	59.5					
11		7	52.2		◆平均値の95%信頼区間			
12		8	55.7		最大の平均値	57.65		
13		9	56.8		最小の平均値	54.03		
14		10	54.7					
15								
16								

平均値の95%信頼区間

2.4.5 Excelで平均値の99%信頼区間を求める

参考までに、**平均値の99%信頼区間**を求める方法も紹介しておきます。95%信頼区間と99%信頼区間は、使用する**tの値**だけが異なります。よって、先ほどの例を以下のように変更すると、平均値の99%信頼区間を算出できます。

① 関数「T.INV.2T」の引数になっている**危険率**を0.01に変更します。

不偏分散	6.38
標準誤差	0.80
tの値	=T.INV.2T(0.01,9)
平均値の誤差	1.81

→ 危険率を0.01に変更

② 「平均値の誤差」が再計算され、それに伴って「最大の平均値」と「最小の平均値」も再計算されます。今回の例では、53.24 〜 58.44（g）が平均値の99%信頼区間となりました。

	A	B	C	D	E	F	G	H
1								
2		卵の重さ（サンプル調査）						
3								
4		サンプル	重さ(g)					
5		1	56.5		標本平均	55.84		
6		2	51.2		不偏分散	6.38		
7		3	56.9		標準誤差	0.80		
8		4	57.1		tの値	3.25		
9		5	57.8		平均値の誤差	2.60		
10		6	59.5					
11		7	52.2		◆平均値の99%信頼区間			
12		8	55.7		最大の平均値	58.44		
13		9	56.8		最小の平均値	53.24		
14		10	54.7					
15								

→ 平均値の99%信頼区間

関数「CONFIDENCE.T」について

Excelには、「平均値の誤差」を求める**関数「CONFIDENCE.T」**も用意されています。その書式は**=CONFIDENCE.T(危険率, 標準偏差, 標本数)**となりますが、引数を見るとわかるように、この関数は「母集団の標準偏差が既知の場合」にのみ使用できる関数となります。標本調査では母集団の標準偏差が不明であるため、「**不偏分散の平方根**」を第2引数（標準偏差）として代用すると、同様の結果を得られます。

2.5 正規分布について

これまでに解説してきた統計手法は、母集団の分布が**正規分布**になると予想される場合にのみ有効となります。続いては、正規分布について解説しておきます。

2.5.1 正規分布とは？

正規分布とは、その**ヒストグラム**が以下の数式で示される分布のことです。

$$f(x) = \frac{1}{\sqrt{2\pi\sigma^2}} exp\left(-\frac{(x-\mu)^2}{2\sigma^2}\right) \quad （数式2-e）$$

μ：平均値
σ：標準偏差（σ^2：分散）
π：円周率（3.141……）

とはいえ、これでは「何が何やら……」という人が大半を占めるでしょう。そこで、この数式をグラフで表してみます。

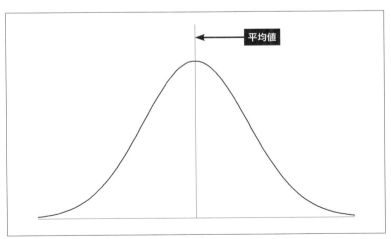

図2-4　正規分布のグラフ

これで少しはイメージしやすくなったと思います。このグラフを見ると、正規分布には以下のような特徴があることがわかります。

（1）データは平均値を中心に左右対象に分布している
（2）平均値から離れるほどデータの頻度は低くなっていく

実際に統計処理を行う際は、これらの特徴を理解しておくことが大切です。逆に言えば、（**数式2-e**）が意味する内容を知らなくても、上記の2つの特徴を把握しておけば統計学的に正しい処理を行えることになります。よって、本書でも（**数式2-e**）の詳しい解説は省略します。

通常、私たちが調査する内容は、そのほとんどが**図2-4**のような正規分布になると考えられます。たとえば、成人男性の身長は170cm付近の人が多く、170cmから離れるほどその頻度は小さくなっていきます。そのほか、体重、靴のサイズ、100m走のタイムなど、多くの事例が正規分布になると予想できます。

もちろん、これまでに例として取り上げてきた「テスト結果」や「卵の重さ」も**図2-4**のような正規分布になると予想されます。つまり、ほとんどの調査結果が正規分布になると考えられる訳です。よって、これまでに解説してきた手法で統計学的な結論を得ることが可能です。

2.5.2 正規分布と標準偏差

統計学を利用してデータを処理するときは、**正規分布**と**標準偏差**の関係を知っておくと、データのばらつきを感覚的に把握できるようになります。

正規分布は、そのばらつきに応じて「尖った形状」や「平べったい形状」に変化しますが、いずれの場合も共通する特徴を備えています。その特徴とは、「**平均値±標準偏差**」**の範囲に約68%のデータが含まれる**ということです。さらに、「**平均値±（標準偏差の2倍）」の範囲に約95%のデータが含まれる**、「**平均値±（標準偏差の3倍）」の範囲に約99%のデータが含まれる**という特徴もあります。

※：より厳密に記すと、各範囲に含まれるデータは以下のようになります。
　　　・（平均値）±（標準偏差×1）の範囲に約68.27%
　　　・（平均値）±（標準偏差×2）の範囲に約95.45%
　　　・（平均値）±（標準偏差×3）の範囲に約99.73%

66

第2章 標本調査における平均値の信頼区間
2.5 正規分布について

■平均値150、標準偏差5のグラフ

■平均値150、標準偏差10のグラフ

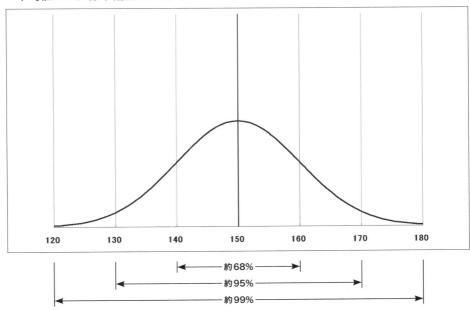

■正規分布と標準偏差の関係
- （平均値）±（標準偏差×1）……… 約68.27%のデータが含まれる
- （平均値）±（標準偏差×2）……… 約95.45%のデータが含まれる
- （平均値）±（標準偏差×3）……… 約99.73%のデータが含まれる

　このような特徴を覚えてしまえば、**標準偏差**を「意味のある数値」として認識できるようになります。標準偏差は**分散（不偏分散）の平方根**で求められるので、分散（不偏分散）がわかれば標準偏差を算出できます。あとは、この標準偏差をもとにデータの分布状況をイメージするだけです。

　たとえば、平均値が35、標準偏差が5であった場合、「30～40の範囲に約68%、25～45の範囲に約95%のデータが含まれる」とデータの分布状況を簡単にイメージできます。

2.5.3 正規分布にならない事例

　これまでは正規分布になる事例だけを扱ってきましたが、中には**正規分布にならない事例**もあります。たとえば、サイコロを何百回も振り、出た目についてヒストグラムを作成すると、だいたい以下のような感じになります。

　サイコロが正しく作成されている場合、この結果は当然と考えられるでしょう。正規分布のように「3や4の目が多く出て、1と6の目は滅多に出ない……」なんてサイコロは不良品です。よって、サイコロの目は正規分布になりません。

また、複数の事例が混在している場合も注意が必要です。たとえば、成人の身長を男女区別することなく調査した場合、170cm近辺と155cm近辺の2箇所が凸型の分布になります。これは、男性の平均身長が170cm前後、女性の平均身長が155cm前後であり、それぞれ正規分布を形成しているためです。このような場合は、男性と女性を分けて統計処理を行わなければいけません。

3つのサイコロの合計

先ほど「サイコロの目は正規分布にならない」と解説しました。しかし、これが「3つのサイコロを振ったときの目の合計」になると話は変わります。この場合、理論上の確率は以下のグラフのようになり、正規分布に近い形になります。さらに、サイコロの数を4つ、5つ、6つ、……と増やしていくほど正規分布のグラフに近づいていきます。このように、同じサイコロであっても調査方法によってデータの分布は異なります。

2.6 Yes／Noで答えるアンケートの信頼区間

これまでは、結果が数値で得られる調査について解説しました。しかし、アンケート調査のように回答がYes／Noになる場合もあります。このような**二択調査**では、Yesを「1」、Noを「0」として考えると統計学的に処理できます。

2.6.1 アンケート調査の具体例

たとえば、アンケート調査を行った結果、Yesが7人、Noが3人という回答を得られたとします。この場合、「1」のデータが7個、「0」のデータが3個あると考えます。すると、**標本平均**である0.7＝70%が「Yesと回答した人の割合」になります。もちろん、標本平均には誤差が含まれているため、**平均値の95%信頼区間**を求めなければいけません。続いては、この例を実際にExcelで統計処理してみましょう。

① アンケート調査の結果をもとに統計処理用のセルを準備します。今回の例は、Yesが7人、Noが3人なので、「1」のデータを7個、「0」のデータを3個作成します。また、標本平均、不偏分散、tの値など、95%信頼区間の計算に使用するセルを準備しておきます。

統計処理用のセルを用意する

70

第2章　標本調査における平均値の信頼区間

2.6　Yes／Noで答えるアンケートの信頼区間

② 関数を利用し、**標本平均**、**不偏分散**、**tの値**を求めます。また、これらの値から**平均値の誤差**を算出します。今回の例では、平均値の誤差は0.346となりました。

(⇒) 2.4　平均値の信頼区間

	A	B	C	D	E	F	G	H
1								
2		**アンケート結果**						
3								
4			Yes	No	合計			
5		人数	7	3	10			
6		割合	70.0%	30.0%	100.0%			
7								
8		◆統計処理用のデータ						
9		1						
10		1		標本平均		0.700		
11		1		不偏分散		0.233		
12		1		標準誤差		0.153		各指標を求める
13		1		tの値		2.262		
14		1		平均値の誤差		0.346		
15		1						
16		0		◆平均値の95%信頼区間				
17		0		最大の平均値				
18		0		最小の平均値				
19								
20								

③ 平均値の誤差を標本平均にプラスマイナスし、平均値の95%信頼区間を求めます。この結果が「**Yesと回答する割合**」の**95%信頼区間**になります。

	A	B	C	D	E	F	G	H
1								
2		**アンケート結果**						
3								
4			Yes	No	合計			
5		人数	7	3	10			
6		割合	70.0%	30.0%	100.0%			
7								
8		◆統計処理用のデータ						
9		1						
10		1		標本平均		0.700		
11		1		不偏分散		0.233		
12		1		標準誤差		0.153		
13		1		tの値		2.262		
14		1		平均値の誤差		0.346		
15		1						
16		0		◆平均値の95%信頼区間				
17		0		最大の平均値		1.046		平均値の95%信頼区間
18		0		最小の平均値		0.354		
19								
20								

この結果を見ると、**平均値の95%信頼区間**は0.354〜1.046になることが判明します。よって、「Yesと回答する割合」の95%信頼区間は35.4〜104.6%となります。ただし、「最大の平均値」が100%を超えているのが理屈に合いません。また、35.4〜104.6%という範囲はあまりにも幅が広く、意味のある数値とは思えません。

　このような結果になる理由は、アンケート調査の回答数が少なすぎることに原因があります。要するに、10人中7人がYesと回答しても「Yesの割合は70%」と言い切れない訳です。もし、これを統計学的に意味のある数値にしたいのであれば、もっと多くの人から回答を得る必要があります。

　たとえば、Yesが70人、Noが30人という回答を得たとしましょう。この場合も「Yesの割合は70%」です。これを先ほどと同様に統計処理すると、その95%信頼区間は60.9〜79.1%になります。これなら意味のある数値として納得できますね。

	A	B	C	D	E	F	G	H	I	J	K
1											
2		アンケート結果									
3											
4			Yes	No	合計						
5		人数	70	30	100						
6		割合	70.0%	30.0%	100.0%						
7											
8		◆統計処理用のデータ									
9		1	1	1	1	0					
10		1	1	1	1	0		標本平均		0.700	
11		1	1	1	1	0		不偏分散		0.212	
12		1	1	1	1	0		標準誤差		0.046	
13		1	1	1	1	0		tの値		1.984	
14		1	1	1	1	0		平均値の誤差		0.091	
15		1	1	1	1	0					
16		1	1	1	1	0		◆平均値の95%信頼区間			
17		1	1	1	1	0		最大の平均値		0.791	
18		1	1	1	1	0		最小の平均値		0.609	
19		1	1	1	0	0					
20		1	1	1	0	0					
21		1	1	1	0	0					
22		1	1	1	0	0					
23		1	1	1	0	0		平均値の95%信頼区間は 0.609〜0.791			
24		1	1	1	0	0					
25		1	1	1	0	0					
26		1	1	1	0	0					
27		1	1	1	0	0					
28		1	1	1	0	0					
29											
30											

　このように、二択調査ではある程度の回答数を得ないと95%信頼区間が意味のある数値になりません。もちろん、二択調査でなくても、できるだけ多くのデータを集めた方が信頼性の高い結果を得られることは言うまでもありません。

2.6.2 二択調査における95%信頼区間の計算式

　これで二択調査の95%信頼区間を求める方法を理解できたと思います。とはいえ、回答数が多くなると「1」や「0」のデータを作成するのが面倒になります。このような場合は、以下の数式を利用して**95%信頼区間**を求めます。

$$95\%信頼区間 = (Yes の割合) \pm 1.96 \sqrt{\frac{(Yes の割合) \times (No の割合)}{回答数}} \qquad (数式 2\text{-}f)$$

　同様に、二択調査の**99%信頼区間**は以下の数式で求められます。

$$99\%信頼区間 = (Yes の割合) \pm 2.58 \sqrt{\frac{(Yes の割合) \times (No の割合)}{回答数}} \qquad (数式 2\text{-}g)$$

　ただし、これらの数式が利用できるのは「回答数が十分にある場合」に限られます。回答数が少ない場合は、2.6.1項（P70〜72）に示した手順で信頼区間を求めなければいけません。いずれの方法にせよ、回答数が少ない場合は意味のある信頼区間を得られないのが普通です。よって、「**できるだけ多くのデータを入手し、（数式2-f）で信頼区間を求める**」と考えるのが二択調査における統計処理の基本です。

　以下に、Yesが70人、Noが30人の場合の処理手順を紹介しておくので、実際に作業を行うときの参考としてください。

① 最初に、YesとNoの人数を表に入力します。続いて、それぞれを足し算し、**回答数の合計**を求めます。

② Yesの割合は（**Yesの人数**）／（**回答数の合計**）で求められます。

③ 同様に、Noの割合は（**Noの人数**）／（**回答数の合計**）で求められます。

④ 最後に、**YesとNoの割合の合計**を求めます。計算が正しく行われていれば、この数値は必ず1になるはずです。

⑤ 次は、「平均値の誤差」を求めます。今回の例では**95%信頼区間**を採用するので（**数式2-f**）のとおりに数式を入力します。平方根の部分は**関数「SQRT」**を利用すると計算できます。

（数式2-f）を参考に数式を入力

⑥ 今回の例では、平均値の誤差は0.090（9.0%）となりました。これを「Yesの割合」にプラスして「**95%信頼区間の最大値**」を求めます。

⑦ 同様に、「Yesの割合」から「平均値の誤差」をマイナスし、「**95%信頼区間の最小値**」を求めます。

	A	B	C	D	E	F	G
1							
2		アンケート結果					
3							
4			Yes	No	合計		
5		人数	70	30	100		
6		割合	0.700	0.300	1.000		
7							
8		平均値の誤差		0.090			
9							
10		◆平均値の95信頼区間					
11		最大の平均値		0.790			
12		最小の平均値		=C6-D8			
13							
14							

（Yesの割合）−（誤差）

⑧ 以上で、95%信頼区間の算出は完了です。

	A	B	C	D	E	F	G
1							
2		アンケート結果					
3							
4			Yes	No	合計		
5		人数	70	30	100		
6		割合	0.700	0.300	1.000		
7							
8		平均値の誤差		0.090			
9							
10		◆平均値の95信頼区間					
11		最大の平均値		0.790			
12		最小の平均値		0.610			
13							
14							

（Yesの割合）の95%信頼区間は
0.610 ～ 0.790

　今回の例では、「Yesの割合」の95%信頼区間が61.0～79.0%と算出されました。P72の計算結果と少し値は異なりますが、ほぼ同じ結果を得られたといえるでしょう。もちろん、回答数が多くなるほど両者の差は小さくなり、より正確な信頼区間を算出できます。

第 3 章

調査結果の比較

3.1 平均値の比較

3.2 F検定で母集団の分散を比較する

3.3 等分散の t 検定

3.4 不等分散の t 検定

3.5 最も簡単な平均値の比較

3.6 対応がある場合の t 検定

3.7 比率の比較（χ^2 検定）

これまでは、1つの調査結果を統計学的に処理する方法を解説してきました。続いては、2つの調査結果を統計学的に比較し、それぞれに差が認められるかを検証する方法を解説します。このような比較検証のことを統計学では**検定**と呼びます。

3.1　平均値の比較

　まずは、2つの調査結果について**平均値**を比較するときの考え方を解説します。統計学では、2つの集団の平均値を**F検定**と***t*検定**で比較するのが一般的です。

3.1.1　平均値の比較と95%信頼区間

　ここでは、**図3-1**に示した調査結果を例に平均値を比較する方法を考察していきます。図3-1は「養鶏場A」と「養鶏場B」で採れた卵の重さを調査した結果です。「養鶏場A」のデータは2.4節で用いた例と同じで、その標本平均は55.84（g）でした。一方、「養鶏場B」のデータは隣町にある養鶏場でサンプル調査を行った結果で、新しく入手したデータとなります。こちらはサンプルデータの個数（標本数）が8個、その標本平均は58.76（g）となりました。

	A	B	C	D	E	F	G	H
1		養鶏場A			養鶏場B			
2		サンプル	重さ(g)		サンプル	重さ(g)		
3		1	56.5		1	57.6		
4		2	51.2		2	61.2		
5		3	56.9		3	63.5		
6		4	57.1		4	55.2		
7		5	57.8		5	58.3		
8		6	59.5		6	60.9		
9		7	52.2		7	56.3		
10		8	55.7		8	57.1		
11		9	56.8					
12		10	54.7					
13								
14		標本平均	55.84		標本平均	58.76		
15								
16								

図3-1　「養鶏場A」と「養鶏場B」の卵の重さの調査結果

この結果を見ると、「養鶏場B」の方が標本平均が大きいことがわかります。では、「養鶏場Bの方がサイズの大きい卵（重たい卵）が採れる」と言い切れるでしょうか？これには少々疑問の余地が残ります。もしかすると「養鶏場B」のサンプルデータにたまたまサイズの大きい卵が多く含まれていた、という可能性も考えられます。

そこで、それぞれの調査結果について**平均値の95%信頼区間**を算出してみました。この算出手順は2.4節で解説したとおりで、以下のような結果になります。

	A	B	C	D	E	F	G	H
1		養鶏場A			養鶏場B			
2		サンプル	重さ(g)		サンプル	重さ(g)		
3		1	56.5		1	57.6		
4		2	51.2		2	61.2		
5		3	56.9		3	63.5		
6		4	57.1		4	55.2		
7		5	57.8		5	58.3		
8		6	59.5		6	60.9		
9		7	52.2		7	56.3		
10		8	55.7		8	57.1		
11		9	56.8					
12		10	54.7					
13								
14		標本平均	55.84		標本平均	58.76		
15		不偏分散	6.38		不偏分散	8.01		
16		標準誤差	0.80		標準誤差	1.00		
17		tの値	2.26		tの値	2.36		
18		平均値の誤差	1.81		平均値の誤差	2.37		
19								
20		◆平均値の95%信頼区間			◆平均値の95%信頼区間			
21		最大の平均値	57.65		最大の平均値	61.13		
22		最小の平均値	54.03		最小の平均値	56.40		
23								
24								

図3-2　各養鶏場における平均値の95%信頼区間

図3-2を見ると、56.40〜57.65（g）で平均値の95％信頼区間が重複しているのを確認できます。つまり、それぞれの母平均が同じである可能性もある訳です。ただし、これを確率分布で示すと図3-3のような形状になり、重複している部分の面積はさほど大きくありません。となると、やはり「養鶏場B」の方が大きいと考えるのが妥当なのかもしれません……。

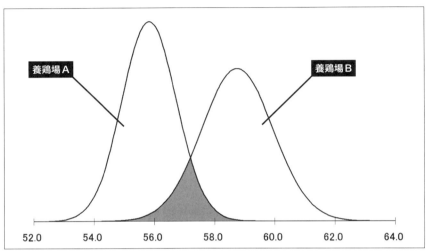

図3-3　各養鶏場における予想平均値の確率分布

　このように考えていくと、「平均値の差」に意味があるのか判断できなくなってしまいます。そこで、統計学では**帰無仮説**を検証することにより、「**両者の差が有意であるか？**」を確認します。

3.1.2 帰無仮説と対立仮説

　2つの調査結果の差を検証するときは、はじめに「**両者に差はない**」という仮説を立てます。このような仮説は**帰無仮説**と呼ばれ、無に帰する仮説、すなわち否定されることを前提とした仮説となります。
　たとえば、先ほどの例の場合、「**養鶏場A**」と「**養鶏場B**」の平均値には差がないという帰無仮説を立てます。そして、この帰無仮説を否定できたときに、「**養鶏場A**」と「**養鶏場B**」の平均値には差があると考えるわけです。

なぜ、このような回りくどい検証方法を行うかというと、「差がある」と仮定した場合、その検証作業が困難になるからです。「差がある」の中には、「大きな差がある」、「少しだけ差がある」など、さまざまな結果が含まれます。一方、「差がない」はA＝Bという単純な結果しかありません。このため、「差がない」の方が簡単に検証できます。

なお、帰無仮説が否定されたときに証明される仮説は**対立仮説**と呼ばれています。先ほどの例の場合、帰無仮説と対立仮説はそれぞれ以下のようになります。

帰無仮説：「養鶏場A」と「養鶏場B」の平均値に差はない
対立仮説：「養鶏場A」と「養鶏場B」の平均値には差がある

3.1.3 t検定とは？

それでは、本題となる「平均値の差」を検証する方法を解説していきましょう。統計学では、**t検定**という手法で「平均値の差」の有意性を検証します。t検定のtは、2.4節で登場した**tの値**と同じで、「平均値の差」の信頼区間を決める指標となります。

2.4節では「確率95％のtの値」を求め、そこから信頼区間を算出しました。t検定ではこの手順を逆にし、「標本平均の差」がどのようなtの値に相当するかを算出します。そして、この「tの値」を「確率95％のtの値」と比較し、確率95％の範囲内に含まれるかを判定します。もし、確率95％の範囲外であった場合は**帰無仮説は否定された**と考え、**平均値の差が有意である（差がある）**と判断します。

■ t分布と帰無仮説の正否

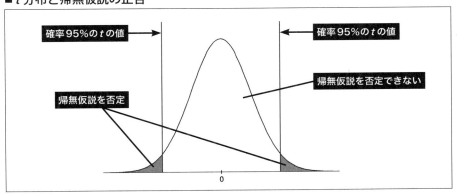

なお、「t の値」が確率95％の範囲内にあった場合は帰無仮説を否定できないため、「平均値には差がある」とは言い切れません。では「平均値には差がない」かというと、そうでもありません。この場合、「平均値には差がない」かもしれないし、「平均値には差がある」かもしれない、と考えます。つまり、**判定不能**という結論になります。

■ t 分布と平均値の差

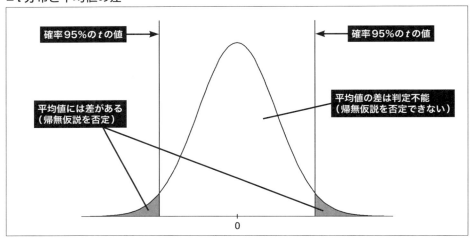

3.1.4 t 検定と F 検定

　t 検定は、2つの母集団の**分散**が等しい場合とそうでない場合で算出方法が異なります。よって、あらかじめ2つの母集団について「**分散が同じと考えられるか？**」を検証しておく必要があります。この検証に利用するのが **F 検定**です。

　3.2節では t 検定の前準備として、Excel で F 検定を行う手順を解説します。そして3.3節以降で t 検定の具体的な手順を解説していきます。すでに頭が混乱している方もいると思いますが、一つひとつ手順を追いながら確認していけば検定方法を習得できると思います。どうしてもよくわからないという方は、3.5節の「最も簡単な平均値の比較」で紹介する手順を覚えておくとよいでしょう。この手順でも同様の結果を導き出すことができます。

第3章　調査結果の比較
3.2　F検定で母集団の分散を比較する

3.2　F検定で母集団の分散を比較する

　まずは、t検定の前準備となる**F検定**を行う方法を解説します。F検定は、「2つの母集団の分散が同じと考えられるか？」を検証する作業です。Excelでは、以下のように操作するとF検定を実行できます。

3.2.1　F検定を行う関数（F.TEST）

　Excelには、F検定を簡単に行える**関数「F.TEST」**が用意されています。ここでは、この関数を使ってF検定を行う方法を解説します。関数「F.TEST」を使用するときは、引数に**2つのセル範囲**を「**,**」（**カンマ**）で区切って指定します。それぞれのセル範囲には、各調査結果のデータが入力されているセル範囲を指定します。

◆F検定を行う関数「F.TEST」の書式

```
=F.TEST(セル範囲,セル範囲)
```

　すると、その計算結果として**Fの確率値**が表示されます。この数値が0.05より大きかった場合は「2つの集団の分散は同じ」（**等分散**）と考えます。逆に、0.05以下であった場合は「2つの集団の分散は異なる」（**不等分散**）と考えます。そして、等分散／不等分散の結果に応じて**t検定**の計算方法を変化させます。

■関数「F.TEST」の結果が
　・**0.05より大きい場合** ……… **等分散**　　（3.3節のt検定へ）
　・**0.05以下の場合** …………… **不等分散**　（3.4節のt検定へ）

　なお、ここでの最終目的は「平均値の差」が有意であるかを検証するt検定となります。よって、F検定の計算方法の解説は省略します。詳しく勉強したい方は、確率統計学の参考書などを参照してください。

3.2.2 F検定で等分散／不等分散を確認する

それでは、**図3-1**（P78）と同じ例を用いて、F検定の具体的な手順を解説していきましょう。F検定を行う**関数「F.TEST」**は以下のような手順で使用します。

① 2つの集団について標本調査の結果を入力し、各々の標本平均を**関数「AVERAGE」**で求めます。次に、**F検定**を行うためのセルを準備してカーソルを移動します。

（⇒）2.1.3　Excel で標本平均と標本分散を求める（AVERAGE、VAR.P）

=AVERAGE(C3:C12)　　=AVERAGE(F3:F10)

② セルに**関数「F.TEST」**を入力します。まずは「=F.TEST(」と入力します。

「=F.TEST(」と入力

第3章　調査結果の比較
3.2　F検定で母集団の分散を比較する

③ 続いて、**1つ目のセル範囲**を引数に指定します。今回の例では「養鶏場A」のデータが入力されているセル範囲「C3:C12」を指定します。さらに、引数を区切る「,」（**カンマ**）を入力します。

	A	B	C	D	E	F	G	H	I	J
1		養鶏場A			養鶏場B					
2		サンプル	重さ(g)		サンプル	重さ(g)				
3		1	56.5		1	57.6				
4		2	51.2		2	61.2			F検定		
5		3	56.9		3	63.5		=F.TEST(C3:C12,		
6		4	57.1		4	55.2		F.TEST(配列1, 配列2)		
7		5	57.8		5	58.3				

1つ目のセル範囲と
カンマを入力

④ 続いて、**2つ目のセル範囲**を引数に指定します。今回の例では「養鶏場B」のデータが入力されているセル範囲「F3:F10」を指定します。さらに、引数の指定を終える「**カッコ閉じ**」を入力します。

	A	B	C	D	E	F	G	H	I	J
1		養鶏場A			養鶏場B					
2		サンプル	重さ(g)		サンプル	重さ(g)				
3		1	56.5		1	57.6				
4		2	51.2		2	61.2				
5		3	56.9		3	63.5		F検定		
6		4	57.1		4	55.2		=F.TEST(C3:C12,F3:F10)		
7		5	57.8		5	58.3				

2つ目のセル範囲と
「カッコ閉じ」を入力

⑤ ［**Enter**］**キー**を押すと関数の入力が完了し、F検定の結果が表示されます。今回の例では0.7336……という数値が表示されました。この値は**0.05より大きい**ので、「養鶏場A」と「養鶏場B」の分散は**等分散**であると考えられます。

	A	B	C	D	E	F	G	H	I	J
1		養鶏場A			養鶏場B					
2		サンプル	重さ(g)		サンプル	重さ(g)				
3		1	56.5		1	57.6				
4		2	51.2		2	61.2		F検定		
5		3	56.9		3	63.5		0.73363526		
6		4	57.1		4	55.2				
7		5	57.8		5	58.3				
8		6	59.5		6	60.9				
9		7	52.2		7	56.3				
10		8	55.7		8	57.1				
11		9	56.8							
12		10	54.7							
13										
14		標本平均	55.84		標本平均	58.76				
15										

F検定の結果（Fの確率値）

85

3.3 等分散の t 検定

　F検定を行った結果、2つの集団の分散が**等分散**であると考えられる場合は、以下の計算方法で t 検定を行います。なお、2つの集団の分散が不等分散であると考えられる場合は、3.4節（P96〜106）に示す方法で t 検定を行わなければいけません。

3.3.1 t 検定（等分散）の計算方法

　等分散と考えられる場合の t 検定では、以下の数式で**t の値**を求めます。

$$t = \frac{標本平均A - 標本平均B}{\sqrt{推定母分散 \times \left(\dfrac{1}{標本数A} + \dfrac{1}{標本数B} \right)}} \qquad （数式3\text{-}a）$$

$$推定母分散 = \frac{\left(標本分散A \times 標本数A \right) + \left(標本分散B \times 標本数B \right)}{標本数A + 標本数B - 2} \qquad （数式3\text{-}b）$$

標本平均A：1つ目の標本調査の標本平均　　標本平均B：2つ目の標本調査の標本平均
標本分散A：1つ目の標本調査の標本分散　　標本分散B：2つ目の標本調査の標本分散
標本数A：1つ目の標本調査のデータ数　　標本数B：2つ目の標本調査のデータ数

　いずれも少々複雑な数式となりますが、特に難しい計算はないので、間違えないように計算を進めていけば「t の値」を求められると思います。

　また、t 検定を行うには**確率95%の t の値**も必要となります。この値は t 分布表や関数「**T.INV.2T**」で求められますが、その**自由度**は（**標本数A**）＋（**標本数B**）−**2**となることに注意してください。

$$t分布の自由度 = 標本数A + 標本数B - 2 \qquad （数式3\text{-}c）$$

第3章　調査結果の比較

3.3　等分散の t 検定

　　たとえば、1つ目の標本調査のデータ数が15個、2つ目の標本調査のデータ数が12個であった場合、（15＋12－2）＝25の自由度について「確率95%の t の値」を求めます。

3.3.2 Excelで t 検定（等分散）を行う

　　それでは、具体的な例で**t検定（等分散）**の手順を紹介していきましょう。ここでは、**図3-1**（P78）のデータを利用し、それぞれの「平均値の差」が有意であるかを検証していきます。

　　また、今回は各調査結果のデータ数を**関数「COUNT」**で数えます。関数「COUNT」は指定したセル範囲にある「数値の個数」を求める関数で、データ数（**標本数**）が多い場合などに便利に活用できます。

◆数値の個数を数える関数「COUNT」の書式

=COUNT(セル範囲)

　　もちろん、今回の例のようにデータ数が少ない場合は、標本数を自分で直接入力しても構いません。

① あらかじめ**F検定**で2つの集団が**等分散**と考えられるかを確認しておきます。

（⇒）3.2　F検定で母集団の分散を比較する

	A	B	C	D	E	F	G	H	I	J
1		養鶏場A			養鶏場B					
2		サンプル	重さ(g)		サンプル	重さ(g)				
3		1	56.5		1	57.6				
4		2	51.2		2	61.2		F検定		
5		3	56.9		3	63.5		0.73363526		
6		4	57.1		4	55.2				
7		5	57.8		5	58.3				
8		6	59.5		6	60.9		F.TESTの結果が0.05より大きい		
9		7	52.2		7	56.3				
10		8	55.7		8	57.1				
11		9	56.8							
12		10	54.7							
13										
14		標本平均	55.84		標本平均	58.76				
15										

87

② *t*検定（等分散）の計算に必要となるセルを準備します。ここでは、以下のように
セルを準備しました。また、**標本平均**を**関数「AVERAGE」**で算出しておきます。

	A	B	C	D	E	F	G	H	I
1		養鶏場A			養鶏場B				
2		サンプル	重さ(g)		サンプル	重さ(g)			
3		1	56.5		1	57.6			
4		2	51.2		2	61.2		F検定	
5		3	56.9		3	63.5		0.73363526	
6		4	57.1		4	55.2			
7		5	57.8		5	58.3			
8		6	59.5		6	60.9			
9		7	52.2		7	56.3			
10		8	55.7		8	57.1			
11		9	56.8						
12		10	54.7						
13									
14		標本平均	55.84		標本平均	58.76			
15		標本数			標本数				
16		標本分散			標本分散				
17									
18		◆t検定							
19		推定母分散							
20		（tの分子）							
21		（tの分母）							
22		tの値							
23		確率95%のt							
24									
25									

*t*検定のセルを準備

③ まずは、それぞれの**標本数**を**関数「COUNT」**で求めます。関数の引数には、それ
ぞれのセル範囲を指定します（今回の例のように標本数が少ない場合は、自分で
数値を直接入力しても構いません）。

	A	B	C	D	E	F	G	H	I
1		養鶏場A			養鶏場B				
2		サンプル	重さ(g)		サンプル	重さ(g)			
3		1	56.5		1	57.6			
4		2	51.2		2	61.2		F検定	
5		3	56.9		3	63.5		0.73363526	
6		4	57.1		4	55.2			
7		5	57.8		5	58.3			
8		6	59.5		6	60.9			
9		7	52.2		7	56.3			
10		8	55.7		8	57.1			
11		9	56.8						
12		10	54.7						
13									
14		標本平均	55.84		標本平均	58.76			
15		標本数	10		標本数	8			
16		標本分散			標本分散				
17									

=COUNT(C3:C12)　　　　=COUNT(F3:F10)

④ 続いて、それぞれの**標本分散**を**関数「VAR.P」**で求めます。不偏分散ではなく、標本分散を計算に使用することに注意してください。

（⇒）2.1.3　Excelで標本平均と標本分散を求める（AVERAGE、VAR.P）

	A	B	C	D	E	F	G	H	I
1		**養鶏場A**			**養鶏場B**				
2		サンプル	重さ(g)		サンプル	重さ(g)			
3		1	56.5		1	57.6			
4		2	51.2		2	61.2		**F検定**	
5		3	56.9		3	63.5		0.73363526	
6		4	57.1		4	55.2			
7		5	57.8		5	58.3			
8		6	59.5		6	60.9			
9		7	52.2		7	56.3			
10		8	55.7		8	57.1			
11		9	56.8						
12		10	54.7						
13									
14		標本平均	55.84		標本平均	58.76			
15		標本数	10		標本数	8			
16		標本分散	5.74		標本分散	7.00			
17									

`=VAR.P(C3:C12)`　　`=VAR.P(F3:F10)`

⑤ ここからが**t検定**の計算となります。まずは（**数式3-b**）のとおりに数式を入力し、**推定母分散**を求めます。

	A	B	C	D	E	F	G	H	I
13									
14		標本平均	55.84		標本平均	58.76			
15		標本数	10		標本数	8			
16		標本分散	5.74		標本分散	7.00			
17									
18		◆t検定							
19		推定母分散	=(C16*C15+F16*F15)/(C15+F15-2)					推定母分散を求める数式を入力	
20		（tの分子）							
21		（tの分母）							
22		tの値							
23		確率95%のt							
24									
25									

⑥ 今回の例では、推定母分散が7.09となりました。これをもとに**t の値**を算出していきます。ただし、(**数式3-a**)は少し複雑なので、分母と分子を分けて計算します。まずは、分子となる部分の計算を行います。

	A	B	C	D	E	F	G	H	I
13									
14		標本平均	55.84		標本平均	58.76			
15		標本数	10		標本数	8			
16		標本分散	5.74		標本分散	7.00			
17									
18		◆t検定							
19		推定母分散	7.090						
20		(tの分子)	=C14-F14						
21		(tの分母)							
22		tの値							

推定母分散

(*t* の値) の分子を計算

⑦ 続いて、分母となる部分を計算します。平方根は**関数「SQRT」**を利用して計算します。

	A	B	C	D	E	F	G	H	I
13									
14		標本平均	55.84		標本平均	58.76			
15		標本数	10		標本数	8			
16		標本分散	5.74		標本分散	7.00			
17									
18		◆t検定							
19		推定母分散	7.090						
20		(tの分子)	-2.923						
21		(tの分母)	=SQRT(C19*(1/C15+1/F15))						
22		tの値							
23		確率95%のt							
24									

(*t* の値) の分母を計算

⑧ 最後に(*t* の分子)／(*t* の分母)を計算すると**t の値**を求められます。

	A	B	C	D	E	F	G	H	I
13									
14		標本平均	55.84		標本平均	58.76			
15		標本数	10		標本数	8			
16		標本分散	5.74		標本分散	7.00			
17									
18		◆t検定							
19		推定母分散	7.090						
20		(tの分子)	-2.923						
21		(tの分母)	1.263						
22		tの値	=C20/C21						
23		確率95%のt							
24									

＝(*t* の分子)／(*t* の分母)

⑨ 今回の列では「tの値」が−2.314となりました。続いて、**関数「T.INV.2T」で確率95%のtの値**を求めます。自由度には（**標本数A**）＋（**標本数B**）−**2**を指定します。

（⇒）2.4.3　t分布の値をExcel関数で求める（T.INV.2T）

▲	A	B	C	D	E	F	G	H	I
13									
14		標本平均	55.84		標本平均	58.76			
15		標本数	10		標本数	8			
16		標本分散	5.74		標本分散	7.00			
17									
18		◆t検定							
19		推定母分散	7.090						
20		（tの分子）	-2.923						
21		（tの分母）	1.263						
22		tの値	-2.314			tの値			
23		確率95%のt	=T.INV.2T(0.05,C15+F15-2)			=T.INV.2T（危険率，自由度）			
24									
25									

⑩ 今回の例では「確率95%のtの値」が2.120となりました。この値は確率95%となる範囲の**絶対値**を示しています。

▲	A	B	C	D	E	F	G	H	I
1		養鶏場A			養鶏場B				
2		サンプル	重さ(g)		サンプル	重さ(g)			
3		1	56.5		1	57.6			
4		2	51.2		2	61.2		F検定	
5		3	56.9		3	63.5		0.73363526	
6		4	57.1		4	55.2			
7		5	57.8		5	58.3			
8		6	59.5		6	60.9			
9		7	52.2		7	56.3			
10		8	55.7		8	57.1			
11		9	56.8						
12		10	54.7						
13									
14		標本平均	55.84		標本平均	58.76			
15		標本数	10		標本数	8			
16		標本分散	5.74		標本分散	7.00			
17									
18		◆t検定							
19		推定母分散	7.090						
20		（tの分子）	-2.923						
21		（tの分母）	1.263						
22		tの値	-2.314						
23		確率95%のt	2.120			確率95%のtの値（絶対値）			
24									
25									

91

今回の例では**確率95％の*t*の値**（絶対値）が2.120となるため、確率95％の範囲は−2.120〜2.120となります。一方、*t*検定により算出した***t*の値**は−2.314であり、この範囲外にあります。よって帰無仮説が否定され、「**養鶏場A**」と「**養鶏場B**」の**平均値には差がある**という結論に達します。つまり、「養鶏場B」の方が卵のサイズが大きい（重たい）、と考えるのが妥当です。

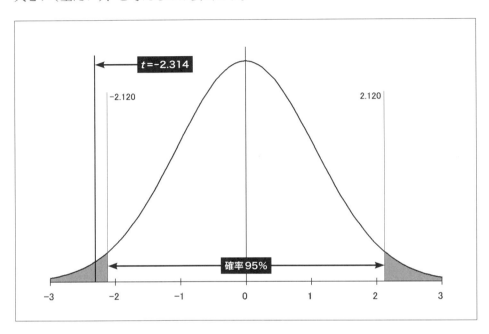

3.3.3 分析ツールを利用した*t*検定（等分散）

先ほどの例では、自分の手で数式を入力して*t*検定を行う方法を解説しました。これと同様の結果を**分析ツール**から得ることも可能です。続いては、Excelの分析ツールを利用した*t*検定（等分散）の手順を紹介しておきます。今回も先ほどと同じく、**図3-1**（P78）のデータを例にして、その手順を解説します。

① あらかじめ**F検定**で2つの集団が**等分散**と考えられるかを確認しておきます。

（⇒）3.2　F検定で母集団の分散を比較する

	A	B	C	D	E	F	G	H	I
1		養鶏場A			養鶏場B				
2		サンプル	重さ(g)		サンプル	重さ(g)			
3		1	56.5		1	57.6			
4		2	51.2		2	61.2		F検定	
5		3	56.9		3	63.5		0.73363526	
6		4	57.1		4	55.2			
7		5	57.8		5	58.3			
8		6	59.5		6	60.9			
9		7	52.2		7	56.3		F.TESTの結果が0.05より大きい	
10		8	55.7		8	57.1			
11		9	56.8						
12		10	54.7						
13									
14		標本平均	55.84		標本平均	58.76			

② [**データ**]**タブ**を選択し、「**データ分析**」をクリックします。

（⇒）1.2.2　分析ツールのアドイン

③ このような画面が表示されるので、「**t検定：等分散を仮定した2標本による検定**」を選択し、[**OK**]**ボタン**をクリックします。

④ *t*検定（等分散）の設定画面が表示されます。まずは「変数1の入力範囲」に1つ目の調査結果のセル範囲（養鶏場A）を指定します。

⑤ 続いて「変数2の入力範囲」に2つ目の調査結果のセル範囲（養鶏場B）を指定します。

⑥「α」に**危険率**を指定します。通常は信頼区間の確率95％とするため、この値には「0.05」を指定します。

「ラベル」のチェックボックス

この設定画面にある**「ラベル」**の項目をチェックすると、手順④～⑤で指定したセル範囲の先頭セルが「見出し」として扱われます。「ラベル」をチェックする場合は、（見出しのセル）を含めた形でセル範囲を指定しなければいけません。

⑦ 出力オプションに「**出力先**」を選択し、t検定の結果を表示する**先頭セル**を指定します。[**OK**] **ボタン**をクリックすると、ここで指定したセルを先頭にt検定の結果が表示されます。

⑧ 今回の例では、以下のような結果が表示されました。**tの値**は「t」の項目に表示されます。また**確率95%のtの値**は「t境界値 両側」に表示されます。

	G	H	I	J	K	L	M	N
1								
2				t-検定: 等分散を仮定した2標本による検定				
3								
4		**F検定**			変数 1	変数 2		
5		0.73363526		平均	55.84	58.7625		
6				分散	6.378222	8.005536	← 不偏分散	
7				観測数	10	8		
8				プールされた分散	7.090172		← 推定母分散	
9				仮説平均との差異	0			
10				自由度	16			
11				t	-2.31385		← tの値	
12				P(T<=t) 片側	0.017149			
13				t 境界値 片側	1.745884			
14				P(T<=t) 両側	0.034298			
15				t 境界値 両側	2.119905		← 確率95%のtの値	
16								
17								

　もちろん、この計算結果も3.3.2項（P87〜92）と同じになります（小数点以下の表示桁数が異なるだけです）。**tの値**は**確率95%の範囲**（−2.119905〜2.119905）より外側にあるため、「**平均値には差がある**」という結論に達します。

3.4 不等分散の t 検定

F検定を行った結果、2つの集団の分散が**不等分散**であると考えられる場合は、以下の計算方法により t **検定**を行います。

3.4.1 t 検定（不等分散）の計算方法

不等分散と考えられる場合の t 検定では、**Welch法**と呼ばれる方法で「tの値」と「自由度」を求めます。t**の値**は以下の数式で算出でき、等分散の t 検定よりも少しだけ計算が簡単になります。ただし、計算に**不偏分散**を用いることに注意してください。

$$t = \frac{標本平均A - 標本平均B}{\sqrt{\dfrac{不偏分散A}{標本数A} + \dfrac{不偏分散B}{標本数B}}} \qquad （数式3\text{-}d）$$

標本平均A：1つ目の標本調査の標本平均 標本平均B：2つ目の標本調査の標本平均
不偏分散A：1つ目の標本調査の不偏分散 不偏分散B：2つ目の標本調査の不偏分散
標本数A：1つ目の標本調査のデータ数 標本数B：2つ目の標本調査のデータ数

続いて**自由度**を求める数式ですが、こちらは（**数式3-e**）のようになり、かなり複雑です。また、この計算結果は整数にならないため、t 分布表や**関数**「**T.INV.2T**」で**確率95%の t の値**を求めるときに、小数点以下を四捨五入して自由度を整数にしなければいけません。

$$t分布の自由度 = \frac{\left(\dfrac{不偏分散A}{標本数A} + \dfrac{不偏分散B}{標本数B}\right)^2}{\dfrac{\left(不偏分散A\right)^2}{\left(標本数A\right)^2 \times \left(標本数A - 1\right)} + \dfrac{\left(不偏分散B\right)^2}{\left(標本数B\right)^2 \times \left(標本数B - 1\right)}}$$

（数式3-e）

第3章　調査結果の比較

3.4　不等分散の t 検定

3.4.2 Excel で t 検定（不等分散）を行う

　それでは、具体的な例で t 検定（**不等分散**）の手順を紹介していきましょう。ここでは、「養鶏場A」と「養鶏場C」で卵の重さを調査した結果（**図3-4**）を例に、その手順を解説していきます。「養鶏場C」のデータは新たに入手したデータであり、その標本数は5個、標本平均は59.12（g）となりました。標本平均を単純に比較すると、「養鶏場C」の方がサイズが大きい（重たい）ように見えますが、実際はどうでしょうか？　t 検定を使って「**標本平均の差が有意であるか？**」を検証してみます。

	A	B	C	D	E	F	G	H
1		**養鶏場A**			**養鶏場C**			
2		サンプル	重さ(g)		サンプル	重さ(g)		
3		1	56.5		1	58.4		
4		2	51.2		2	66.8		
5		3	56.9		3	62.5		
6		4	57.1		4	52.3		
7		5	57.8		5	55.6		
8		6	59.5					
9		7	52.2					
10		8	55.7					
11		9	56.8					
12		10	54.7					
13								
14		標本平均	55.84		標本平均	59.12		
15								

図3-4　「養鶏場A」と「養鶏場C」の卵の重さの調査結果

① あらかじめ**F検定**で2つの集団の分散を確認しておきます。今回の例では「Fの確率値」が0.0403……と表示されました。この値は **0.05以下** となるため、2つの集団の分散は**不等分散**であると考えられます。

（⇒）3.2　F検定で母集団の分散を比較する

	A	B	C	D	E	F	G	H	I
1		**養鶏場A**			**養鶏場C**				
2		サンプル	重さ(g)		サンプル	重さ(g)			
3		1	56.5		1	58.4			
4		2	51.2		2	66.8		**F検定**	
5		3	56.9		3	62.5		0.04031731	
6		4	57.1		4	52.3			
7		5	57.8		5	55.6			
8		6	59.5						
9		7	52.2						
10		8	55.7						
11		9	56.8						
12		10	54.7						
13									
14		標本平均	55.84		標本平均	59.12			
15									

F.TESTの結果が0.05以下

97

② *t*検定（**不等分散**）の計算に必要となるセルを準備します。ここでは、以下のように
にセルを準備しました。また、**標本平均**を**関数**「**AVERAGE**」で算出しておきます。

	A	B	C	D	E	F	G	H	I
1		養鶏場A			養鶏場C				
2		サンプル	重さ(g)		サンプル	重さ(g)			
3		1	56.5		1	58.4			
4		2	51.2		2	66.8		F検定	
5		3	56.9		3	62.5		0.04031731	
6		4	57.1		4	52.3			
7		5	57.8		5	55.6			
8		6	59.5						
9		7	52.2						
10		8	55.7						
11		9	56.8						
12		10	54.7						
13									
14		標本平均	55.84		標本平均	59.12			
15		標本数			標本数				
16		不偏分散			不偏分散				
17									
18		◆t検定							
19		(tの分子)							
20		(tの分母)							
21		tの値							
22		(自由度の分子)							
23		(自由度の分母A)							
24		(自由度の分母B)							
25		自由度							
26		確率95%のt							
27									

*t*検定のセルを準備

③ まずは、それぞれの**標本数**を**関数**「**COUNT**」で求めます。関数の引数には、それ
ぞれのセル範囲を指定します（今回の例のように標本数が少ない場合は、自分で
数値を直接入力しても構いません）。

	A	B	C	D	E	F	G	H	I
1		養鶏場A			養鶏場C				
2		サンプル	重さ(g)		サンプル	重さ(g)			
3		1	56.5		1	58.4			
4		2	51.2		2	66.8		F検定	
5		3	56.9		3	62.5		0.04031731	
6		4	57.1		4	52.3			
7		5	57.8		5	55.6			
8		6	59.5						
9		7	52.2						
10		8	55.7						
11		9	56.8						
12		10	54.7						
13									
14		標本平均	55.84		標本平均	59.12			
15		標本数	10		標本数	5			
16		不偏分散			不偏分散				
17									

=COUNT(C3:C12)　　=COUNT(F3:F7)

第3章　調査結果の比較

3.4　不等分散の t 検定

④ 続いて、それぞれの**不偏分散**を**関数「VAR.S」**で求めます。

（⇒）2.3.3　Excel で不偏分散を求める（VAR.S）

	A	B	C	D	E	F	G	H	I
1		養鶏場A			養鶏場C				
2		サンプル	重さ(g)		サンプル	重さ(g)			
3		1	56.5		1	58.4			
4		2	51.2		2	66.8		F検定	
5		3	56.9		3	62.5		0.04031731	
6		4	57.1		4	52.3			
7		5	57.8		5	55.6			
8		6	59.5						
9		7	52.2						
10		8	55.7						
11		9	56.8						
12		10	54.7						
13									
14		標本平均	55.84		標本平均	59.12			
15		標本数	10		標本数	5			
16		不偏分散	6.38		不偏分散	32.46			
17									

=VAR.S(C3:C12)　　=VAR.S(F3:F7)

⑤ ここからが t 検定の計算になります。まずは t の値を求めていきます。ここでは（**数式3-d**）の分母と分子を分けて計算します。まずは分子となる部分の計算です。

	A	B	C	D	E	F	G	H	I
13									
14		標本平均	55.84		標本平均	59.12			
15		標本数	10		標本数	5			
16		不偏分散	6.38		不偏分散	32.46			
17									
18		◆t検定							
19		(tの分子)	=C14-F14						
20		(tの分母)							

（t の値）の分子を計算

⑥ 続いて、t の値の分母となる部分を計算します。平方根は**関数「SQRT」**を利用して計算します。

	A	B	C	D	E	F	G	H	I
13									
14		標本平均	55.84		標本平均	59.12			
15		標本数	10		標本数	5			
16		不偏分散	6.38		不偏分散	32.46			
17									
18		◆t検定							
19		(tの分子)	-3.280						
20		(tの分母)	=SQRT(C16/C15+F16/F15)						
21		tの値							

（t の値）の分母を計算

⑦ あとは（tの分子）／（tの分母）を計算するだけで**tの値**を求められます。

▲	A	B	C	D	E	F	G	H	I
13									
14		標本平均	55.84		標本平均	59.12			
15		標本数	10		標本数	5			
16		不偏分散	6.38		不偏分散	32.46			
17									
18		◆t検定							
19		（tの分子）	-3.280						
20		（tの分母）	2.670						
21		tの値	=C19/C20						
22		（自由度の分子）							
23		（自由度の分母A）							

＝（tの分子）／（tの分母）

⑧ 今回の例では「tの値」が−1.228となりました。続いて、t分布の**自由度**を求めます。こちらも数式が複雑なので、（**数式3-e**）を3つに分けて計算します。まずは分子となる部分の計算です。2乗の計算は「＾」の演算記号を使って記述します。

（⇒）AP-01 数式の入力

▲	A	B	C	D	E	F	G	H	I
13									
14		標本平均	55.84		標本平均	59.12			
15		標本数	10		標本数	5			
16		不偏分散	6.38		不偏分散	32.46			
17									
18		◆t検定							
19		（tの分子）	-3.280						
20		（tの分母）	2.670						
21		tの値	-1.228						
22		（自由度の分子）	=(C16/C15+F16/F15)^2						
23		（自由度の分母A）							

tの値

（自由度）の分子を計算

⑨ 続いて、**自由度**の分母の左側を計算します。カッコが入れ子になるので、間違えないように数式を記述してください。

▲	A	B	C	D	E	F	G	H	I
13									
14		標本平均	55.84		標本平均	59.12			
15		標本数	10		標本数	5			
16		不偏分散	6.38		不偏分散	32.46			
17									
18		◆t検定							
19		（tの分子）	-3.280						
20		（tの分母）	2.670						
21		tの値	-1.228						
22		（自由度の分子）	50.826						
23		（自由度の分母A）	=C16^2/(C15^2*(C15-1))						
24		（自由度の分母B）							
25		自由度							

（自由度）の分母Aを計算

100

⑩ 同様に、**自由度**の分母の右側を計算します。

	A	B	C	D	E	F	G	H	I
13									
14		標本平均	55.84		標本平均	59.12			
15		標本数	10		標本数	5			
16		不偏分散	6.38		不偏分散	32.46			
17									
18		◆t検定							
19		（tの分子）	-3.280						
20		（tの分母）	2.670						
21		tの値	-1.228						
22		（自由度の分子）	50.826						
23		（自由度の分母A）	0.045						
24		（自由度の分母B）	=F16^2/(F15^2*(F15-1))						
25		自由度							
26		確率95%のt							

（自由度）の分母Bを計算

⑪ あとは（自由度の分子）/（自由度の分母A＋自由度の分母B）を計算するだけで**自由度**を求められます。

	A	B	C	D	E	F	G	H	I
18		◆t検定							
19		（tの分子）	-3.280						
20		（tの分母）	2.670						
21		tの値	-1.228						
22		（自由度の分子）	50.826						
23		（自由度の分母A）	0.045						
24		（自由度の分母B）	10.535						
25		自由度	=C22/(C23+C24)						
26		確率95%のt							
27									

＝（分子）/（分母A＋分母B）

⑫ 今回の例では「自由度」が4.804となりました。これを四捨五入し、自由度5における**確率95%のtの値**を求めます。関数「**T.INV.2T**」の引数には、危険率に0.05、自由度に「**四捨五入した自由度**」を指定します。

（⇒）2.4.3 t分布の値をExcel関数で求める（T.INV.2T）

⑬ 今回の例では「確率95%のtの値」が2.571となりました。この値は確率95%となる範囲の**絶対値**を示しています。

	A	B	C	D	E	F	G	H	I
13									
14		標本平均	55.84		標本平均	59.12			
15		標本数	10		標本数	5			
16		不偏分散	6.38		不偏分散	32.46			
17									
18		◆t検定							
19		（tの分子）	-3.280						
20		（tの分母）	2.670						
21		tの値	-1.228	← tの値					
22		（自由度の分子）	50.826						
23		（自由度の分母A）	0.045						
24		（自由度の分母B）	10.535						
25		自由度	4.804						
26		確率95%のt	2.571	← 確率95%のtの値（絶対値）					
27									

　今回の例では、**確率95%の範囲**が−2.571〜2.571となりました。対して、**t検定**により算出した**tの値**は−1.228であり、この範囲内にあります。つまり、帰無仮説を否定できないわけです。よって、「**養鶏場A**」と「**養鶏場C**」の平均値に**差があるとは言い切れません**。差があるかもしれないし、差がないかもしれない、と考えるのが妥当です。このような場合に、より正確な結論を導き出すには、さらに多くのデータを入手する必要があります。

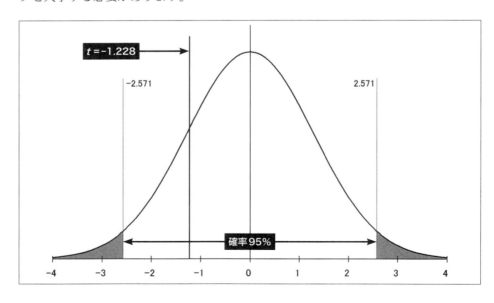

3.4.3 分析ツールを利用した t 検定（不等分散）

Excelには、不等分散の t 検定を行う**分析ツール**も用意されています。続いては、分析ツールを利用した t 検定（不等分散）の手順を紹介しておきます。ここでは、先ほどと同じ**図3-4**（P97）のデータを例に、その手順を解説します。

① あらかじめ**F検定**で2つの集団の分散が**不等分散**と考えられるかを確認しておきます。

（⇒）3.2　F検定で母集団の分散を比較する

	A	B	C	D	E	F	G	H	I
1		養鶏場A			養鶏場C				
2		サンプル	重さ(g)		サンプル	重さ(g)			
3		1	56.5		1	58.4			
4		2	51.2		2	66.8		F検定	
5		3	56.9		3	62.5		0.04031731	
6		4	57.1		4	52.3			
7		5	57.8		5	55.6			
8		6	59.5						
9		7	52.2					F.TESTの結果が0.05以下	
10		8	55.7						
11		9	56.8						
12		10	54.7						
13									
14		標本平均	55.84		標本平均	59.12			
15									
16									

② ［データ］タブを選択し、「**データ分析**」をクリックします。

（⇒）1.2.2　分析ツールのアドイン

③ このような画面が表示されるので、「**t検定：分散が等しくないと仮定した2標本による検定**」を選択し、[**OK**]**ボタン**をクリックします。

④ *t*検定（**不等分散**）の設定画面が表示されます。まずは「変数1の入力範囲」に1つ目の調査結果のセル範囲（養鶏場A）を指定します。

⑤ 続いて「変数2の入力範囲」に2つ目の調査結果のセル範囲（養鶏場C）を指定します。

「ラベル」のチェックボックス

この設定画面にある「**ラベル**」の項目をチェックすると、手順④〜⑤で指定したセル範囲の先頭セルが「見出し」として扱われます。「ラベル」をチェックする場合は、(見出しのセル)を含めた形でセル範囲を指定しなければいけません。

⑥「α」に**危険率**を指定します。通常は信頼区間の確率95％とするため、この値には「0.05」を指定します。

⑦ 出力オプションに「**出力先**」を選択し、t検定の結果を表示する**先頭セル**を指定します。[OK]ボタンをクリックすると、ここで指定したセルを先頭にt検定の結果が表示されます。

⑧ 今回の例では、以下のような結果が表示されました。**t の値**は「t」の項目に表示されます。また**確率95%の t の値**は「t 境界値 両側」に表示されます。

　もちろん、この計算結果は3.4.2項（P97～102）と同じになります（小数点以下の表示桁数が異なるだけです）。**t の値**は**確率95%の範囲**（−2.570582～2.570582）の内側にあるため、「**平均値に差があるとは言い切れない**」という結論に達します。

3.5　最も簡単な平均値の比較

　Excelには **t 検定**を手軽に行える**関数「T.TEST」**も用意されています。これまでに紹介した t 検定の手順や計算方法を覚えるのが面倒な場合は、この関数を利用して「**平均値の差**」を検証することも可能です。

第3章　調査結果の比較
3.5　最も簡単な平均値の比較

3.5.1 関数「T.TEST」の利用方法

　関数「T.TEST」は、t 検定を行ったときの確率値を算出する関数で、以下のような書式で利用します。

◆t 検定を行う関数「T.TEST」の書式

=T.TEST(セル範囲,セル範囲,片側／両側,t 検定の種類)

・セル範囲
　調査結果のデータが入力されている2つのセル範囲を「,」(カンマ)で区切って指定します。

・片側／両側
　「片側の t 分布」は1、「両側の t 分布」は2を指定します。通常の t 検定では「両側の t 分布」を使用するので、**この引数には2を指定します。**

・t 検定の種類
　等分散または**不等分散**など、「t 検定の種類」を指定します。指定した値により以下のように計算方法が変化します。
　　　　1：**対応のある t 検定**（3.6節で解説）
　　　　2：**等分散の t 検定**
　　　　3：**不等分散の t 検定**

　もちろん、この関数を利用して「平均値の差」の有意／無意を調べる t 検定を行うことも可能です。ただし、**関数「T.TEST」**により算出される値は「t の値」ではなく、**t の確率値**（P値）となることに注意してください。このため、信頼区間95％の場合、0.05を基準に次ページのように判断を下します。

■関数「T.TEST」の結果が
- 0.05より大きい場合 ……… 平均値に差があるとは言い切れない
（帰無仮説を否定できない）
- 0.05以下の場合 …………… 平均値には差がある
（帰無仮説を否定）

3.5.2 最も簡単なt検定の手順

関数「T.TEST」を使用するときも、「2つの母集団の分散が同じと考えられるか？」をあらかじめ検証しておく必要があります。よって、**F検定 → t検定**という手順で作業を行います。これをチャートにまとめると以下のようになります。

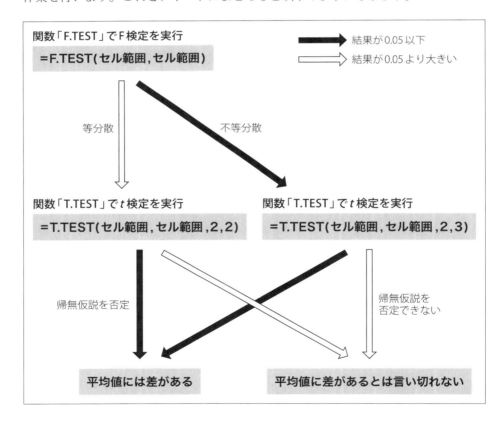

第3章　調査結果の比較

3.5　最も簡単な平均値の比較

3.5.3 関数「T.TEST」で t 検定を行う（等分散）

　それでは、**関数「F.TEST」**と**関数「T.TEST」**で t 検定を行うときの具体的な手順を示します。まずは、**図3-1**（P78、**等分散**の場合）を例に手順を紹介します。

① **関数「F.TEST」**で**F検定**を行います。引数には、データが入力されている2つのセル範囲を指定します。

（⇒）3.2　F検定で母集団の分散を比較する

	A	B	C	D	E	F	G	H	I	J
1		養鶏場A			養鶏場B					
2		サンプル	重さ(g)		サンプル	重さ(g)				
3		1	56.5		1	57.6				
4		2	51.2		2	61.2		F検定		
5		3	56.9		3	63.5		=F.TEST(C3:C12,F3:F10)		
6		4	57.1		4	55.2				
7		5	57.8		5	58.3		t検定		
8		6	59.5		6	60.9				
9		7	52.2		7	56.3				
10		8	55.7		8	57.1				
11		9	56.8							
12		10	54.7					=F.TEST(セル範囲,セル範囲)		
13										
14		標本平均	55.84		標本平均	58.76				
15										

② 関数「F.TEST」の結果は0.7336……となりました。この値は0.05より大きいので等分散であると考えられます。よって、「**=T.TEST(セル範囲, セル範囲, 2, 2)**」で **t 検定**を行います。

	A	B	C	D	E	F	G	H	I	J
1		養鶏場A			養鶏場B					
2		サンプル	重さ(g)		サンプル	重さ(g)				
3		1	56.5		1	57.6				
4		2	51.2		2	61.2		F検定		
5		3	56.9		3	63.5		0.73363526		
6		4	57.1		4	55.2				
7		5	57.8		5	58.3		t検定		
8		6	59.5		6	60.9		=T.TEST(C3:C12,F3:F10,2,2)		
9		7	52.2		7	56.3				
10		8	55.7		8	57.1				
11		9	56.8							
12		10	54.7					=T.TEST(セル範囲,セル範囲,2,2)		
13										
14		標本平均	55.84		標本平均	58.76				
15										

109

③ 関数「T.TEST」の結果は0.0342……となりました。この値は0.05以下なので、**「平均値には差がある」**と考えます。すなわち、「養鶏場B」の方がサイズの大きい卵（重たい卵）が採れる、という結論に達します。

	A	B	C	D	E	F	G	H	I	J
1		養鶏場A			養鶏場B					
2		サンプル	重さ(g)		サンプル	重さ(g)				
3		1	56.5		1	57.6				
4		2	51.2		2	61.2		F検定		
5		3	56.9		3	63.5		0.73363526		
6		4	57.1		4	55.2				
7		5	57.8		5	58.3		t検定		
8		6	59.5		6	60.9		0.03429804		
9		7	52.2		7	56.3				
10		8	55.7		8	57.1				
11		9	56.8							
12		10	54.7					0.05以下なので「平均値には差がある」		
13										

3.5.4 関数「T.TEST」で t 検定を行う（不等分散）

続いては、**図3-4**（P97、**不等分散**の場合）を例に、**関数「F.TEST」**と**関数「T.TEST」**で t 検定を行ってみましょう。

① **関数「F.TEST」**で**F検定**を行います。引数には、データが入力されている2つのセル範囲を指定します。

（⇒）3.2　F検定で母集団の分散を比較する

	A	B	C	D	E	F	G	H	I	J
1		養鶏場A			養鶏場C					
2		サンプル	重さ(g)		サンプル	重さ(g)				
3		1	56.5		1	58.4				
4		2	51.2		2	66.8		F検定		
5		3	56.9		3	62.5		=F.TEST(C3:C12,F3:F7)		
6		4	57.1		4	52.3				
7		5	57.8		5	55.6		t検定		
8		6	59.5							
9		7	52.2							
10		8	55.7							
11		9	56.8							
12		10	54.7					=F.TEST(セル範囲,セル範囲)		
13										
14		標本平均	55.84		標本平均	59.12				
15										

110

② 関数「F.TEST」の結果は0.05以下となるため、不等分散であると考えられす。よって、「＝T.TEST(セル範囲, セル範囲, 2, 3)」で**t検定**を行います。

	A	B	C	D	E	F	G	H	I	J
1		養鶏場A			養鶏場C					
2		サンプル	重さ(g)		サンプル	重さ(g)				
3		1	56.5		1	58.4				
4		2	51.2		2	66.8		F検定		
5		3	56.9		3	62.5		0.04031731		
6		4	57.1		4	52.3				
7		5	57.8		5	55.6		t検定		
8		6	59.5					＝T.TEST(C3:C12,F3:F7,2,3)		
9		7	52.2							
10		8	55.7							
11		9	56.8					＝T.TEST(セル範囲, セル範囲, 2, 3)		
12		10	54.7							
13										

③ 関数「T.TEST」の結果は0.05より大きいため、「**平均値に差があるとは言い切れない**」と考えます。すなわち、「養鶏場A」と「養鶏場C」で卵のサイズ(重さ)は同じかもしれないし、そうでないかもしれない、という結論に達します。

	A	B	C	D	E	F	G	H	I	J
1		養鶏場A			養鶏場C					
2		サンプル	重さ(g)		サンプル	重さ(g)				
3		1	56.5		1	58.4				
4		2	51.2		2	66.8		F検定		
5		3	56.9		3	62.5		0.04031731		
6		4	57.1		4	52.3				
7		5	57.8		5	55.6		t検定		
8		6	59.5					0.27604099		
9		7	52.2							
10		8	55.7							
11		9	56.8				0.05より大きいので			
12		10	54.7				「平均値に差があるとは言い切れない」			
13										

「平均値の差」と「t検定の結果」

養鶏場A、B、Cの**標本平均**を単純に比較すると、養鶏場A ＜ 養鶏場B ＜ 養鶏場C という関係になります。しかし、それぞれについて**t検定**を行うと、「養鶏場A」と「養鶏場B」には差がある、「養鶏場A」と「養鶏場C」には差があるとは言い切れないという結論に達します。このように、「平均値の差」が大きいからといって必ずしも"差がある"とは限りません。注意するようにしてください。

3.6 対応がある場合の t 検定

　2つの異なる集団ではなく、同じ集団（標本）に対して繰り返し調査を行い、それぞれの平均値を比較する場合は、**対応のある t 検定**で「平均値の差」を検証します。続いては、対応のある t 検定について解説します。

3.6.1 「対応がある」とは？

　これまでは、「養鶏場A」と「養鶏場B」のように2つの異なる集団について調査結果の平均値を比較しました。これに対して、同じ集団（標本）に繰り返し調査を行い、それぞれの平均値を比較する場合もあります。

　たとえば、「養鶏場A」が卵のサイズ（重さ）をもっと大きくしたいと考え、餌や飼育方法の改良実験を行ったとします。この実験は、以前に「卵の重さ」を測定した10羽の鶏（鶏①〜⑩）に対して実施されました。1ヶ月後、改良の成果を確かめるために「卵の重さ」を再測定してみると、**図3-5**のような結果が得られました。

	A	B	C	D	E	F
1		卵の重さ(g)の変化				
2		サンプル	5月1日	6月1日		
3		鶏①	56.5	57.1		
4		鶏②	51.2	55.4		
5		鶏③	56.9	57.3		
6		鶏④	57.1	58.3		
7		鶏⑤	57.8	56.8		
8		鶏⑥	59.5	57.5		
9		鶏⑦	52.2	56.8		
10		鶏⑧	55.7	59.4		
11		鶏⑨	56.8	55.9		
12		鶏⑩	54.7	58.7		
13						
14		標本平均	55.84	57.32		
15						
16						

図3-5　実験前後の「卵の重さ」の調査結果

　このように、同じ標本（鶏①〜⑩）に対して2回調査することを**対応がある**といいます。一方、これまでの例のように標本が異なる調査は**対応がない**といいます。

第3章　調査結果の比較

3.6　対応がある場合の t 検定

　もちろん対応がある場合も、平均値を比較するときは、その差の有意／無意を検証しなければいけません。たとえば図3-5の結果を見ると、標本平均が55.84（g）から57.32（g）に増えているのを確認できます。ただし、6月1日の卵がたまたまサイズの大きい（重たい）卵であった可能性も否めません。そこで、**t検定**で「**平均値の差**」が有意であるかを判断する必要があります。

3.6.2 　対応がある場合の t 検定

　図3-5のように**対応のある**調査では、以下の数式で**tの値**を算出します。

$$t = \frac{標本平均A - 標本平均B}{\sqrt{\dfrac{差の不偏分散}{標本数}}} \qquad （数式3-f）$$

　（**数式3-f**）に含まれる**差の不偏分散**とは、「各標本のデータの差」について**不偏分散**を算出したものです。たとえば、図3-5の場合は、鶏①が（57.1－56.5）＝0.6、鶏②が（55.4－51.2）＝4.2、鶏③が（57.3－56.9）＝0.4、……と各標本の差を求めていきます。そして、これらの不偏分散を算出したものが「差の不偏分散」となります。また、対応のある t 検定では**自由度**を（**標本数**）**－1**とします。

$$t分布の自由度 = 標本数 - 1 \qquad （数式3-g）$$

　以降の手順は、これまでに解説してきた t 検定と同じです。すなわち、**tの値**と**確率95%のtの値**を比較し、その結果に応じて「平均値には差がある」または「平均値に差があるとは言い切れない」という結論を導き出します。

3.6.3 Excelで t 検定（対応あり）を行う

それでは、**図3-5**を例に**対応のある t 検定**の手順を解説していきましょう。対応のある調査では、以下のように t 検定を行います。

① 対応のある t 検定では、**各標本の差や差の不偏分散**といった指標が必要になります。よって、以下のようなセルを準備します。また、**標本平均**を**関数「AVERAGE」**で算出しておきます。

▲	A	B	C	D	E	F	G
1		卵の重さ(g)の変化					
2		サンプル	5月1日	6月1日	差		
3		鶏①	56.5	57.1			
4		鶏②	51.2	55.4			
5		鶏③	56.9	57.3			
6		鶏④	57.1	58.3			
7		鶏⑤	57.8	56.8			
8		鶏⑥	59.5	57.5			
9		鶏⑦	52.2	56.8			
10		鶏⑧	55.7	59.4			
11		鶏⑨	56.8	55.9			
12		鶏⑩	54.7	58.7			
13							
14		標本平均	55.84	57.32			
15		不偏分散					
16							
17		◆t検定					
18		tの値					
19		確率95%のt					
20							

② 引き算の数式を入力し、**各標本の差**を求めます。

▲	A	B	C	D	E	F	G
1		卵の重さ(g)の変化					
2		サンプル	5月1日	6月1日	差		
3		鶏①	56.5	57.1	=D3-C3		
4		鶏②	51.2	55.4			
5		鶏③	56.9	57.3			
6		鶏④	57.1	58.3			
7		鶏⑤	57.8	56.8			
8		鶏⑥	59.5	57.5			
9		鶏⑦	52.2	56.8			
10		鶏⑧	55.7	59.4			
11		鶏⑨	56.8	55.9			
12		鶏⑩	54.7	58.7			
13							

各標本の差を求める

第3章　調査結果の比較
3.6　対応がある場合のt検定

③ 入力した数式を**オートフィル**でコピーすると、全ての標本について差を簡単に算
出できます。

（⇒）AP-04　オートフィル

▲	A	B	C	D	E	F	G
1		卵の重さ(g)の変化					
2		サンプル	5月1日	6月1日	差		
3		鶏①	56.5	57.1	0.6		
4		鶏②	51.2	55.4			
5		鶏③	56.9	57.3			
6		鶏④	57.1	58.3			
7		鶏⑤	57.8	56.8			
8		鶏⑥	59.5	57.5			
9		鶏⑦	52.2	56.8			
10		鶏⑧	55.7	59.4			
11		鶏⑨	56.8	55.9			
12		鶏⑩	54.7	58.7			
13							

オートフィルで数式をコピー

④ 続いて、「**各標本の差**」の平均を求めます。これは**関数「AVERAGE」**で算出できま
す。なお、この結果は（標本平均B）−（標本平均A）と同じ値になります。

（⇒）1.1.2　Excelで平均値を求める（AVERAGE）

▲	A	B	C	D	E	F	G
1		卵の重さ(g)の変化					
2		サンプル	5月1日	6月1日	差		
3		鶏①	56.5	57.1	0.6		
4		鶏②	51.2	55.4	4.2		
5		鶏③	56.9	57.3	0.4		
6		鶏④	57.1	58.3	1.2		
7		鶏⑤	57.8	56.8	-1.0		
8		鶏⑥	59.5	57.5	-2.0		
9		鶏⑦	52.2	56.8	4.6		
10		鶏⑧	55.7	59.4	3.7		
11		鶏⑨	56.8	55.9	-0.9		
12		鶏⑩	54.7	58.7	4.0		
13							
14		標本平均	55.84	57.32	=AVERAGE(E3:E12)		
15		不偏分散					
16							
17		◆t検定					
18		tの値					
19		確率95%のt					
20							
21							

「各標本の差」について
平均を求める

115

⑤ 次は**不偏分散**の算出です。**関数「VAR.S」**を利用し、それぞれの不偏分散を求めます。「5月1日」と「6月1日」の不偏分散は、必ずしも t 検定に必要な指標ではありませんが、ここでは参考として算出しておきます。

（⇒）2.3.3　Excelで不偏分散を求める（VAR.S）

	A	B	C	D	E	F	G
1		卵の重さ(g)の変化					
2		サンプル	5月1日	6月1日	差		
3		鶏①	56.5	57.1	0.6		
4		鶏②	51.2	55.4	4.2		
5		鶏③	56.9	57.3	0.4		
6		鶏④	57.1	58.3	1.2		
7		鶏⑤	57.8	56.8	-1.0		
8		鶏⑥	59.5	57.5	-2.0		
9		鶏⑦	52.2	56.8	4.6		
10		鶏⑧	55.7	59.4	3.7		
11		鶏⑨	56.8	55.9	-0.9		
12		鶏⑩	54.7	58.7	4.0		
13							
14		標本平均	55.84	57.32	1.48		
15		不偏分散	=VAR.S(C3:C12)				
16							

不偏分散を求める

⑥ 不偏分散を求める関数「VAR.S」も**オートフィル**でコピーすると、関数を何回も入力する手間を省けます。

（⇒）AP-04　オートフィル

	A	B	C	D	E	F	G
1		卵の重さ(g)の変化					
2		サンプル	5月1日	6月1日	差		
3		鶏①	56.5	57.1	0.6		
4		鶏②	51.2	55.4	4.2		
5		鶏③	56.9	57.3	0.4		
6		鶏④	57.1	58.3	1.2		
7		鶏⑤	57.8	56.8	-1.0		
8		鶏⑥	59.5	57.5	-2.0		
9		鶏⑦	52.2	56.8	4.6		
10		鶏⑧	55.7	59.4	3.7		
11		鶏⑨	56.8	55.9	-0.9		
12		鶏⑩	54.7	58.7	4.0		
13							
14		標本平均	55.84	57.32	1.48		
15		不偏分散	6.38				
16							

オートフィルで関数をコピー

第3章　調査結果の比較

3.6　対応がある場合のt検定

⑦ これでt検定（対応あり）の準備は完了です。（**数式3-f**）に従って**t**の値を求めます。
平方根の計算には**関数「SQRT」**を利用します。

	A	B	C	D	E	F	G
1		**卵の重さ(g)の変化**					
2		サンプル	5月1日	6月1日	差		
3		鶏①	56.5	57.1	0.6		
4		鶏②	51.2	55.4	4.2		
5		鶏③	56.9	57.3	0.4		
6		鶏④	57.1	58.3	1.2		
7		鶏⑤	57.8	56.8	-1.0		
8		鶏⑥	59.5	57.5	-2.0		
9		鶏⑦	52.2	56.8	4.6		
10		鶏⑧	55.7	59.4	3.7		
11		鶏⑨	56.8	55.9	-0.9		
12		鶏⑩	54.7	58.7	4.0		
13							
14		標本平均	55.84	57.32	1.48		
15		不偏分散	6.38	1.50	6.04		
16							
17		◆t検定					
18		tの値	=(C14-D14)/SQRT(E15/10) ──				
19		確率95%のt					
20							
21							

（数式3-f）でtの値を求める

⑧ 今回の例では「**t の値**」が−1.904となりました。続いて、**確率95％のtの値**を
関数「T.INV.2T」で求めます。今回の例では、**自由度**は（10−1）＝9となります。

（⇒）2.4.3　t分布の値をExcel関数で求める（T.INV.2T）

	A	B	C	D	E	F	G
4		鶏②	51.2	55.4	4.2		
5		鶏③	56.9	57.3	0.4		
6		鶏④	57.1	58.3	1.2		
7		鶏⑤	57.8	56.8	-1.0		
8		鶏⑥	59.5	57.5	-2.0		
9		鶏⑦	52.2	56.8	4.6		
10		鶏⑧	55.7	59.4	3.7		
11		鶏⑨	56.8	55.9	-0.9		
12		鶏⑩	54.7	58.7	4.0		
13							
14		標本平均	55.84	57.32	1.48		
15		不偏分散	6.38	1.50	6.04		
16							
17		◆t検定					
18		tの値	-1.904 ──				
19		確率95%のt	=T.INV.2T(0.05,9) ──				
20							
21							

tの値

=T.INV.2T(危険率,自由度)

117

⑨ 今回の例では「確率95%の t の値」は2.262となりました。よって、確率95%の範囲は−2.262〜2.262となります。

	A	B	C	D	E	F	G
1		卵の重さ(g)の変化					
2		サンプル	5月1日	6月1日	差		
3		鶏①	56.5	57.1	0.6		
4		鶏②	51.2	55.4	4.2		
5		鶏③	56.9	57.3	0.4		
6		鶏④	57.1	58.3	1.2		
7		鶏⑤	57.8	56.8	-1.0		
8		鶏⑥	59.5	57.5	-2.0		
9		鶏⑦	52.2	56.8	4.6		
10		鶏⑧	55.7	59.4	3.7		
11		鶏⑨	56.8	55.9	-0.9		
12		鶏⑩	54.7	58.7	4.0		
13							
14		標本平均	55.84	57.32	1.48		
15		不偏分散	6.38	1.50	6.04		
16							
17		◆t検定					
18		tの値	-1.904				
19		確率95%のt	2.262		確率95%のtの値(絶対値)		
20							
21							

　この結果を見ると、**t の値**である−1.904が確率95%の範囲（−2.262〜2.262）に含まれていることがわかります。よって、「**平均値に差があるとは言い切れない**」という結論に達します。言い換えると、「残念ながら今回の改良実験は成果があったと断定できない」という結論になります。

3.6.4 「差の平均値」の95%信頼区間で調べる

　対応のある調査の平均値を比較するときは、「**各標本の差**」の**平均値**について**95%信頼区間**を算出してみるのも効果的です。この場合は「各標本の差」をデータと考え、その平均値について95%信頼区間を調べます。

第3章　調査結果の比較
3.6　対応がある場合のt検定

	A	B	C	D	E	F	G
1		卵の重さ(g)の変化					
2		サンプル	5月1日	6月1日	差		
3		鶏①	56.5	57.1	0.6		
4		鶏②	51.2	55.4	4.2		
5		鶏③	56.9	57.3	0.4		
6		鶏④	57.1	58.3	1.2		
7		鶏⑤	57.8	56.8	-1.0		
8		鶏⑥	59.5	57.5	-2.0		
9		鶏⑦	52.2	56.8	4.6		
10		鶏⑧	55.7	59.4	3.7		
11		鶏⑨	56.8	55.9	-0.9		
12		鶏⑩	54.7	58.7	4.0		
13							
14		標本平均	55.84	57.32	1.48		
15		不偏分散	6.38	1.50	6.04		
16							
17							

これらの数値について平均値の95％信頼区間を求める

「各標本の差」の平均値

　今回の例では、「**各標本の差**」の平均値の95％信頼区間は−0.28〜3.24になりました（詳しい計算方法は本書の2.4節を参照）。この95％信頼区間には0（ゼロ）も含まれています。よって、2つの調査結果の「**平均値に差があるとは言い切れない**」という結論に達します。

	A	B	C	D	E	F	G	H	I
1		卵の重さ(g)の変化							
2		サンプル	5月1日	6月1日	差		◆差の平均値の95％信頼区間		
3		鶏①	56.5	57.1	0.6		標本平均	1.48	
4		鶏②	51.2	55.4	4.2		不偏分散	6.04	
5		鶏③	56.9	57.3	0.4		標準誤差	0.78	
6		鶏④	57.1	58.3	1.2		tの値	2.26	
7		鶏⑤	57.8	56.8	-1.0		平均値の誤差	1.76	
8		鶏⑥	59.5	57.5	-2.0				
9		鶏⑦	52.2	56.8	4.6		差の平均値の最大値	3.24	
10		鶏⑧	55.7	59.4	3.7		差の平均値の最小値	-0.28	
11		鶏⑨	56.8	55.9	-0.9				
12		鶏⑩	54.7	58.7	4.0				
13									
14		標本平均	55.84	57.32	1.48				
15		不偏分散	6.38	1.50	6.04				
16									
17									

95％信頼区間は−0.28〜3.24

　また、95％信頼区間の数値を見ると、改良後の「卵の重さ」はマイナス0.28（g）〜プラス3.24（g）になると考えられます。このように、対応のある調査では「**各標本の差**」の平均値について**95％信頼区間**を調べたほうが、結果を感覚的に把握しやすい場合もあります。状況に応じてt検定と併用してください。

119

分析ツールの利用と関数「T.TEST」

対応のある調査も、**分析ツール**や**関数「T.TEST」**でt検定を行うことが可能です。この場合は「各標本の差」や「不偏分散」を求める必要はありません。

分析ツールを使用する場合は、**「t検定：一対の標本による平均の検定」**を選択し、各データのセル範囲、危険率、出力先を指定します。

関数「T.TEST」の場合は、「=T.TEST(セル範囲, セル範囲, 2, 1)」でt検定を行い、その結果が0.05以下であれば「平均値には差がある」と考えます。

対応のある調査のF検定

対応のある調査では、あらかじめ**F検定**を行う必要はありません。ただし、結果を多角的に検証するという観点において、F検定が有効になる場合もあります。

たとえば、先ほどの図3-5で**関数「F.TEST」**を実行すると、その結果は0.0423……になり、**不等分散**であると考えられます。つまり、実験の前後で分散が変化したと判断できます。「5月1日」の不偏分散が6.38、「6月1日」の不偏分散が1.50であること考えると、「改良により分散が小さくなった」という結論に達します。

よって、「卵の重さは重くなったとは言い切れないが、ばらつきは小さくなった」という結論を導き出せます。サイズの均一化をひとつの成果として考えれば、「今回の改良実験も全くの無駄ではなかった」と認識できると思います。

第3章　調査結果の比較
3.7　比率の比較（χ^2検定）

3.7 比率の比較（χ^2検定）

　2つの調査結果について、その**比率**を比較するときは、**χ^2検定（カイ2乗検定）**という手法で検証を行います。続いては、χ^2検定をExcelで行う方法を解説します。

3.7.1 比率の比較とは？

　これまでは2つの調査の平均値を比較しました。しかし、平均値ではなく**比率**を比較したい場合もあると思います。

　たとえば**図3-6**は、「養鶏場A」と「養鶏場B」で「鶏の数」と「採れた卵の数」を調べた結果です。ただし、いずれも「鶏の数」が膨大であるため、その一部についてサンプル調査を行った結果となります。

	A	B	C	D	E	F
1						
2		◆実測値				
3			養鶏場A	養鶏場B		
4		鶏の数	3497	1621		
5		採れた卵の数	2874	1214		
6						
7		産卵率	82.2%	74.9%		
8						
9						

図3-6　「養鶏場A」と「養鶏場B」の産卵率

　この場合、それぞれ「鶏の数」が異なるため、産卵率（採れた卵の数／鶏の数）が比較の基準になります。そこで産卵率を計算すると、「養鶏場A」は（2874／3497）≒82.2%、「養鶏場B」は（1214／1621）≒74.9%という結果になりました。これを単純に比較すると「養鶏場A」の方が産卵率が良いことになります。しかし、この結果をそのまま信頼できるでしょうか？　もしかすると調査した日にたまたま「養鶏場A」で多くの卵が採れた可能性もあります。このような場合に、両者の差が**有意**であるかを検証できるのが**χ^2検定（カイ2乗検定）**です。

121

鶏の産卵周期

　通常、鶏は1日に1個の卵を産みます。ただし、体内で卵が成長するのに24〜25時間かかるため、産卵時刻は少しずつズレていきます。たとえば、朝8時に産卵したら翌日は朝9時に産卵する、という具合です。また、夜寝ている間は卵を産まないため、産卵時刻が夜間にずれ込むと、その日の産卵はお休みとなります。よって、数日間卵を産み続けたら1日（または2、3日）休む、という産卵周期になります。また、鶏は歳をとるにつれて卵を産むペースが少しずつ低下していく傾向があります。

3.7.2 期待値の算出

　χ^2検定を行う場合も、はじめに**帰無仮説**を仮定します。そして、帰無仮説を否定できたときに「両者に差がある」という結論に達します。**図3-6**の場合、帰無仮説と対立仮説は以下のようになります。

　　帰無仮説：「養鶏場A」と「養鶏場B」の産卵率に差はない
　　対立仮説：「養鶏場A」と「養鶏場B」の産卵率には差がある

　このとき、帰無仮説を検証するためにA＝Bとなる基準点を定めなければいけません。そこで、まずは各行、各列について合計を算出します。

　続いて、この表から合計だけを書き写した表を作成し、これをもとに各項目の基準点となる**期待値**を算出します。

第3章 調査結果の比較
3.7 比率の比較（χ^2検定）

	A	B	C	D	E	F	G
1							
2		◆実測値					
3			養鶏場A	養鶏場B	合計		
4		鶏の数	3497	1621	5118		
5		採れた卵の数	2874	1214	4088		
6		合計	6371	2835	9206		
7							
8		産卵率	82.2%	74.9%			
9							
10		◆期待値					
11			養鶏場A	養鶏場B	合計		
12		鶏の数			5118		
13		採れた卵の数			4088		
14		合計	6371	2835	9206		
15							

図3-7 合計だけを書き写した期待値の表

　各項目の期待値は、合計の比率に応じて比例配分します。たとえば「鶏の数」は、「養鶏場A」が（6371／9206）の比率、「養鶏場B」が（2835／9206）の比率で、その合計が5118となるように比例配分します。「採れた卵の数」も同じ比率で、その合計が4088となるように比例配分します。これを数式で表すと以下のようになります。

$$期待値 = \frac{（行の合計）\times （列の合計）}{総計} \quad （数式3\text{-}h）$$

　それでは、図3-6を例に**期待値**の表を実際に完成させてみましょう。

① 項目ごとの合計を足し算（または**関数「SUM」**）で求めます。全合計となる総計は、列または行を合計して求めます。

123

② 続いて、**期待値を算出する表を以下のように作成し、それぞれの合計を書き写し
ます**（または「＝セル番地」でセルの値を参照します）。

	A	B	C	D	E	F	G
1							
2		◆実測値					
3			養鶏場A	養鶏場B	合計		
4		鶏の数	3497	1621	5118		
5		採れた卵の数	2874	1214	4088		
6		合計	6371	2835	9206		
7							
8		産卵率	82.2%	74.9%			
9							
10		◆期待値					
11			養鶏場A	養鶏場B	合計		
12		鶏の数			5118		
13		採れた卵の数			4088		
14		合計	6371	2835	9206		
15							
16							

期待値の表を作成し、合計を書き写す

③ あとは（**数式3-h**）のとおりに各項目の期待値を算出するだけです。たとえば、
「養鶏場A」の「鶏の数」の場合、その数式は「＝E12＊C14／E14」となります。

	A	B	C	D	E	F	G
1							
2		◆実測値					
3			養鶏場A	養鶏場B	合計		
4		鶏の数	3497	1621	5118		
5		採れた卵の数	2874	1214	4088		
6		合計	6371	2835	9206		
7							
8		産卵率	82.2%	74.9%			
9							
10		◆期待値					
11			養鶏場A	養鶏場B	合計		
12		鶏の数	=E12*C14/E14		5118		
13		採れた卵の数			4088		
14		合計	6371	2835	9206		
15							
16							

（行の合計）×（列の合計）／総計

④ 同様に「養鶏場A」の「採れた卵の数」の場合は、「＝E13＊C14／E14」で期待値を算出できます。

⑤ 同様の計算を行い、全項目について期待値を求めます。これで期待値の表は完成となります。

χ^2検定が使えない場合

期待値を算出した結果、いずれかの期待値が5以下になる場合は、誤差が大きくなるためχ^2検定は適切な検定方法となりません。このような場合は、調査する標本数を増やして期待値を大きくするか、もしくは**フィッシャーの正確確率検定**を行わなければいけません。なお、フィッシャーの正確確率検定については、統計学の専門書などで検定方法を学習してください。

3.7.3 Excelでχ^2検定を行う

これでχ^2**検定**を行う準備ができました。あとは、χ^2**の値**と**確率95%のχ^2の値**を求めて比較すれば、差の有意／無意を確認できます。

χ^2**の値**は、それぞれの項目について（**実測値－期待値**）^{2}／（**期待値**）を計算し、それを**全項目**について**合計**すると算出できます。数式で表すと以下のようになります。

$$\chi^2 = \sum \frac{\left(実測値 - 期待値\right)^2}{期待値} \quad （数式3\text{-}i）$$

確率95%のχ^2の値は、χ^2**分布表**（または**関数「CHISQ.INV.RT」**）で求めます。このときの**自由度は（行数－1）×（列数－1）**となります。図3-6（P121）に示した例の場合、2行×2列のデータとなるため、（2－1）×（2－1）＝1が自由度となります。

$$\chi^2分布の自由度 = \left(行数 - 1\right) \times \left(列数 - 1\right) \quad （数式3\text{-}j）$$

◆ χ^2の値を求める関数「CHISQ.INV.RT」の書式

　　=CHISQ.INV.RT(危険率, 自由度)

第3章　調査結果の比較
3.7　比率の比較（χ^2検定）

■ χ^2分布表

自由度	確率95%	確率99%
1	3.841	6.635
2	5.991	9.210
3	7.815	11.345
4	9.488	13.277
5	11.070	15.086
6	12.592	16.812
7	14.067	18.475
8	15.507	20.090
9	16.919	21.666
10	18.307	23.209
11	19.675	24.725
12	21.026	26.217
13	22.362	27.688
14	23.685	29.141
15	24.996	30.578
16	26.296	32.000
17	27.587	33.409
18	28.869	34.805
19	30.144	36.191
20	31.410	37.566
30	43.773	50.892
40	55.758	63.691
50	67.505	76.154
60	79.082	88.379
70	90.531	100.425
80	101.879	112.329
90	113.145	124.116
100	124.342	135.807

それでは実際に、先ほどの例でχ^2検定を行ってみましょう。

① 各項目の**期待値**を算出できたら、以下のような形式でχ^2**検定**を行うためのセルを準備します。

	A	B	C	D	E	F	G
1							
2		◆実測値					
3			養鶏場A	養鶏場B	合計		
4		鶏の数	3497	1621	5118		
5		採れた卵の数	2874	1214	4088		
6		合計	6371	2835	9206		
7							
8		産卵率	82.2%	74.9%			
9							
10		◆期待値					
11			養鶏場A	養鶏場B	合計		
12		鶏の数	3541.91	1576.09	5118		
13		採れた卵の数	2829.09	1258.91	4088		
14		合計	6371	2835	9206		
15							
16		◆カイ2乗検定					
17			養鶏場A	養鶏場B			
18		鶏の数					
19		採れた卵の数					
20							
21		χ2乗の値					
22		確率95%のχ2乗					
23							

χ^2検定のセルを準備

② 続いて、項目ごとに**(実測値−期待値)**^{2}／**(期待値)**を算出していきます。たとえば、「養鶏場A」の「鶏の数」の場合、「＝(C4−C12)＾2／C12」と数式を入力します。

(⇒) AP-01 数式の入力

	A	B	C	D	E	F	G
1							
2		◆実測値					
3			養鶏場A	養鶏場B	合計		
4		鶏の数	3497	1621	5118		
5		採れた卵の数	2874	1214	4088		
6		合計	6371	2835	9206		
7							
8		産卵率	82.2%	74.9%			
9							
10		◆期待値					
11			養鶏場A	養鶏場B	合計		
12		鶏の数	3541.91	1576.09	5118		
13		採れた卵の数	2829.09	1258.91	4088		
14		合計	6371	2835	9206		
15							
16		◆カイ2乗検定					
17			養鶏場A	養鶏場B			
18		鶏の数	=(C4-C12)^2/C12				
19		採れた卵の数					
20							

(実測値−期待値)^2／**(期待値)**

③ 同様に、他の項目についても（実測値－期待値）^{2}／（期待値）を算出します。

④ 全項目について（実測値－期待値）^{2}／（期待値）を算出できたらχ^2の値を求めます。これは、合計を算出する**関数「SUM」**を利用すると求められます。

⑤ 今回の例では「χ^2の値」が4.163となりました。続いて、**確率95%のχ^2の値**を**関数「CHISQ.INV.RT」**で求めます。通常、危険率には0.05を指定します。自由度は（行数−1）×（列数−1）なので、今回の例では（2−1）×（2−1）＝1となります。

	A	B	C	D	E	F	G
15							
16		◆カイ2乗検定					
17			養鶏場A	養鶏場B			
18		鶏の数	0.569	1.279			
19		採れた卵の数	0.713	1.602			
20							
21		χ2乗の値		4.163			
22		確率95%のχ2乗		=CHISQ.INV.RT(0.05,1)			
23							

χ^2の値 → （4.163を指す）

=CHISQ.INV.RT(危険率,自由度)

⑥ 今回の例では「確率95%のχ^2の値」が3.841となりました。χ^2検定は片側検定となるため、確率95%の範囲は0〜3.841になります。

	A	B	C	D	E	F	G
1							
2		◆実測値					
3			養鶏場A	養鶏場B	合計		
4		鶏の数	3497	1621	5118		
5		採れた卵の数	2874	1214	4088		
6		合計	6371	2835	9206		
7							
8		産卵率	82.2%	74.9%			
9							
10		◆期待値					
11			養鶏場A	養鶏場B	合計		
12		鶏の数	3541.91	1576.09	5118		
13		採れた卵の数	2829.09	1258.91	4088		
14		合計	6371	2835	9206		
15							
16		◆カイ2乗検定					
17			養鶏場A	養鶏場B			
18		鶏の数	0.569	1.279			
19		採れた卵の数	0.713	1.602			
20							
21		χ2乗の値		4.163			
22		確率95%のχ2乗		3.841			
23							

確率95%のχ^2の値

　この結果を見ると、**χ^2の値**は4.163で、**確率95%の範囲**（0〜3.841）より外側にあります。よって、帰無仮説は否定され、「**両者の比率には差がある**」という結論に達します。すなわち、「養鶏場A」の方が「養鶏場B」より産卵率が高い、と考えられます。

130

第3章　調査結果の比較
3.7　比率の比較（χ^2検定）

　なお、χ^2の値が確率95%の範囲の内側に含まれていた場合は、帰無仮説を否定できないため、「**両者の比率に差があるとは言い切れない**」という結論になります。

3.7.4　関数「CHISQ.TEST」でχ^2検定を行う

　Excelには、χ^2検定を行う**関数「CHISQ.TEST」**も用意されています。ただし、この関数を利用する場合も、**期待値**は自分で算出しておく必要があります。
　関数「CHISQ.TEST」は以下のような書式で、引数に**実測値のセル範囲**と**期待値のセル範囲**を指定します。このとき、各々のセル範囲の行と列を、1対1で対応させておく必要があります。

◆χ^2検定を行う関数「CHISQ.TEST」の書式

=CHISQ.TEST(実測値のセル範囲, 期待値のセル範囲)

　関数「CHISQ.TEST」により算出される値は**χ^2の確率値**となる点にも注意しなければなりません。このため、信頼区間95%（危険率5%）の場合、0.05を基準に以下のように結論を下します。

■関数「CHISQ.TEST」の結果が
　・**0.05より大きい場合** ……… **比率に差があるとは言い切れない**
　　　　　　　　　　　　　　　　　（帰無仮説を否定できない）
　・**0.05以下の場合** …………… **比率に差がある**
　　　　　　　　　　　　　　　　　（帰無仮説を否定）

　たとえば、図3-7（P123）を関数「CHISQ.TEST」でχ^2検定する場合は、次ページのように操作します。

① 各行と各列の合計を算出し、これをもとに**期待値**を算出します。続いて、**関数「CHISQ.TEST」**を入力します。今回の例では、「=CHISQ.TEST(C4:D5,C12:D13)」と関数を入力します。

(⇒) 3.7.2　期待値の算出

② 今回の例では、結果が0.0413……となりました。この値は**0.05以下**であるため、**「比率に差がある」**という結論に達します。

第4章

分散分析

4.1 分散分析とは？

4.2 1要因の分散分析

4.3 2要因の分散分析

第4章では、3つ以上の集団の平均値を比較する場合、ならびに複数の要因がある調査を比較する場合の統計処理について解説します。このようなケースでは**分散分析**という手法を用いて検証を行うのが一般的です。

4.1　分散分析とは？

　分散分析とは、データのばらつきが「単なる誤差」なのか、それとも何らかの原因により生じた「意味のある差」なのかを判断するための統計処理です。まずは、分散分析の基本的な考え方を解説します。

4.1.1　分散分析の考え方

　ここでは、以下のデータを例に解説を進めていきます。**図4-1**は、ゴルフ仲間である「Aさん」、「Bさん」、「Cさん」がボールの飛距離を競い合ったときの記録です。それぞれ10回ずつボールを打ちましたが、計測不可（OB）となったボールが「Bさん」は2回、「Cさん」は3回あったため、各自のデータ数（標本数）は「Aさん」が10個、「Bさん」が8個、「Cさん」が7個となっています。この結果を見ると飛距離の**平均値**が最も大きかったのは「Bさん」で、その記録は平均230.25ydでした。

		Aさん	Bさん	Cさん
1球目		201	197	215
2球目		184	267	
3球目		201	236	
4球目		239		254
5球目		167	179	197
6球目		187	237	241
7球目		236		
8球目		235	257	216
9球目		171	271	211
10球目		187	198	219
標本平均		200.80	230.25	221.86

図4-1　飛距離の測定値（斜線は計測不可）

単なる数字の比較であれば、これで話は終了です。しかし、「誰が最も遠くに飛ばすのが上手？」となると、少し話は変わってきます。この結果だけを見ると「Bさん」が上手そうに見えますが、今回の計測時にたまたまナイスショットを連発した可能性もあります。そこで、3人の「**平均値の差が統計学的に有意であるか？**」を判断してみましょう。

これまでは、平均値の比較に *t* **検定**を使用しました。しかし、*t* 検定で比較できるのは「2つの平均値」（2つの集団）だけです。比較する平均値（集団）が3つ以上ある場合は、**分散分析**という手法で「平均値の差」を検証しなければいけません。

まずは、分散分析の基本的な考え方から解説していきます。分散分析を行う場合も、はじめに「全ての平均値に差はない」という**帰無仮説**を立てます。そして、帰無仮説を否定できた場合に「差がある」と判断します。このとき、帰無仮説の基準となるのは「全データの平均値」（**全平均**）であり、**図4-1**の場合は3人が打った「全てのボールの平均値」となります。

図4-2　全平均とデータの確率分布（イメージ）

続いて、それぞれの**変動**を調べていきます。変動とは（**値−平均値**）^{2}の合計のことで、**平方和**と呼ばれる場合もあります。分散分析では、以下の３つの変動を使って統計処理を進めていきます。

① **群間の変動**（級間変動、因子間変動）
「標本平均のばらつき」を表します。各集団で（**標本平均−全平均**）^{2}×（**標本数**）を計算し、それを**合計**すると算出できます。

② **群内の変動**（級内変動、誤差変動）
「集団内のばらつき」を表します。その計算式は（値−標本平均）^{2}の合計となるため、各集団で（**標本分散**）×（**標本数**）を計算し、それを**合計**すると算出できます。

③ **全体の変動**
「各データのばらつき」を表します。その計算式は（値−全平均）^{2}の合計となるため、（**全データの標本分散**）×（**全データの標本数**）で算出できます。

また、これらの指標の間には以下の関係が成り立ちます。

（**群間の変動**）＋（**群内の変動**）＝（**全体の変動**）　　（①＋②＝③）

4.1.2 分散分析とF分布

分散分析では、**F分布**を利用して差の有意／無意を判定します。F分布は、本書の第３章で解説した**F検定**でも利用した分布のことで、「２つの分散が同じと考えられるか？」を検証するものです。

分散分析では、群内と群間について**分散（平均平方）** を比較し、**群内の分散**に対して**群間の分散**が十分に大きかった場合に、「それぞれの集団には差がある」＝「平均値にも差がある」と考えます。なお、それぞれの分散は、**変動を自由度で割る**と算出できます。

第4章 分散分析
4.1 分散分析とは？

① 群間の自由度
　（標本平均の個数）− 1

② 群内の自由度
　（全データの個数）−（標本平均の個数）

③ 全体の自由度
　（全データの個数）− 1

　なお、変動の場合と同様に、自由度も以下の関係が成り立ちます。

（群間の自由度）＋（群内の自由度）＝（全体の自由度）　　（①＋②＝③）

　ここで、これまでの話を一度まとめておきましょう。

◆変動
　群間の変動＝（標本平均−全平均）^{2}×（標本数）の合計
　群内の変動＝（値−標本平均）^{2}の合計
　　　　　　＝（標本分散）×（標本数）の合計
　全体の変動＝（値−全平均）^{2}の合計
　　　　　　＝（全データの標本分散）×（全データの標本数）

◆自由度
　群間の自由度＝（標本平均の個数）− 1
　群内の自由度＝（全データの個数）−（標本平均の個数）
　全体の自由度＝（全データの個数）− 1

◆分散

$$群間の分散 = \frac{群間の変動}{群間の自由度} \qquad 群内の分散 = \frac{群内の変動}{群内の自由度}$$

137

◆ F の値

$$F = \frac{\text{群間の分散}}{\text{群内の分散}}$$

◆ 群間、群内、全体の関係

　（全体の変動）＝（群間の変動）＋（群内の変動）
　（全体の自由度）＝（群間の自由度）＋（群内の自由度）

　少し複雑ではありますが、それぞれの計算に特に難しい点はありません。よって、一つずつ順番に計算していけば**F の値**を算出できるはずです。よくわからない方は、4.2節以降に具体的な手順を示しておくので、これを参考にしながら頭を整理してください。

4.1.3 F分布表と関数「F.INV.RT」

　分散分析では、算出した**F の値**と**確率95％の F の値**と比較し、その結果に応じて以下のように結論を下します。

■ F の値が
　・「確率95％の F の値」以下 ················· 平均値に差があるとは言い切れない
　　　　　　　　　　　　　　　　　　　　　　（帰無仮説を否定できない）
　・「確率95％の F の値」より大きい ········· 平均値には差がある
　　　　　　　　　　　　　　　　　　　　　　（帰無仮説を否定）

　「確率95％のFの値」は**F分布表**などで求めます。このとき、**群間の自由度**と**群内の自由度**の2つの自由度が必要となることに注意してください。関数「**F.INV.RT**」で「確率95％のFの値」を求める場合も、引数に2つの自由度を指定します。

◆ F の値を求める関数「F.INV.RT」の書式

　=F.INV.RT(危険率, 群間の自由度, 群内の自由度)

第4章 分散分析
4.1 分散分析とは？

　たとえば、「群間の自由度」が2で、「群内の自由度」が25であった場合は、「=F.INV.R(0.05, 2, 25)」と関数を入力します。もちろん、95%以外の信頼区間を採用するときは、それに応じて「危険率」の引数を変更しなければいけません。

■ F分布表（確率95%＝危険率0.05）

群間の自由度

	1	2	3	4	5	6	7
1	161.448	199.500	215.707	224.583	230.162	233.986	236.768
2	18.513	19.000	19.164	19.247	19.296	19.330	19.353
3	10.128	9.552	9.277	9.117	9.013	8.941	8.887
4	7.709	6.944	6.591	6.388	6.256	6.163	6.094
5	6.608	5.786	5.409	5.192	5.050	4.950	4.876
6	5.987	5.143	4.757	4.534	4.387	4.284	4.207
7	5.591	4.737	4.347	4.120	3.972	3.866	3.787
8	5.318	4.459	4.066	3.838	3.687	3.581	3.500
9	5.117	4.256	3.863	3.633	3.482	3.374	3.293
10	4.965	4.103	3.708	3.478	3.326	3.217	3.135
11	4.844	3.982	3.587	3.357	3.204	3.095	3.012
12	4.747	3.885	3.490	3.259	3.106	2.996	2.913
13	4.667	3.806	3.411	3.179	3.025	2.915	2.832
14	4.600	3.739	3.344	3.112	2.958	2.848	2.764
15	4.543	3.682	3.287	3.056	2.901	2.790	2.707
16	4.494	3.634	3.239	3.007	2.852	2.741	2.657
17	4.451	3.592	3.197	2.965	2.810	2.699	2.614
18	4.414	3.555	3.160	2.928	2.773	2.661	2.577
19	4.381	3.522	3.127	2.895	2.740	2.628	2.544
20	4.351	3.493	3.098	2.866	2.711	2.599	2.514
30	4.171	3.316	2.922	2.690	2.534	2.421	2.334
40	4.085	3.232	2.839	2.606	2.449	2.336	2.249
50	4.034	3.183	2.790	2.557	2.400	2.286	2.199
60	4.001	3.150	2.758	2.525	2.368	2.254	2.167
70	3.978	3.128	2.736	2.503	2.346	2.231	2.143
80	3.960	3.111	2.719	2.486	2.329	2.214	2.126
90	3.947	3.098	2.706	2.473	2.316	2.201	2.113
100	3.936	3.087	2.696	2.463	2.305	2.191	2.103

（左側縦見出し：群内の自由度）

4.2 1要因の分散分析

ここからは**分散分析**の具体的な手順を紹介していきます。まずは、要因が1つの分散分析をExcelで処理する手順を解説します。

4.2.1 Excelで1要因の分散分析を行う

それでは**図4-1**（P134）を例に、「3人の標本平均に有意な差が認められるか？」を**分散分析**で検証していきましょう。以下にその手順を示しておくので、これを参考に分散分析を行ってください。

① まずは、**分散分析**の計算に必要となるセルを準備します。今回は、以下のようにセルを準備しました。

	A	B	C	D	E	F	G
1							
2			Aさん	Bさん	Cさん		
3		1球目	201	197	215		
4		2球目	184	267			
5		3球目	201	236			
6		4球目	239		254		
7		5球目	167	179	197		
8		6球目	187	237	241		
9		7球目	236				
10		8球目	235	257	216		
11		9球目	171	271	211		
12		10球目	187	198	219		
13							
14			Aさん	Bさん	Cさん	全体	
15		標本平均					
16		標本数					
17		標本分散					
18							
19			Aさん	Bさん	Cさん	全体	
20		群間の変動					
21		群内の変動					
22					合計		
23		全体の変動					
24							
25			変動	自由度	分散		
26		群間					
27		群内					
28							
29		Fの値					
30		確率95%のF					
31							
32							

分散分析のセルを準備

②「Aさん」の標本平均を**関数「AVERAGE」**で算出します。同様に、標本数を**関数「COUNT」**、標本分散を**関数「VAR.P」**で求めます。

(⇒) 2.1.3　Excelで標本平均と標本分散を求める（AVERAGE、VAR.P）

		Aさん	Bさん	Cさん	全体
	1球目	201	197	215	
	2球目	184	267		
	3球目	201	236		
	4球目	239		254	
	5球目	167	179	197	
	6球目	187	237	241	
	7球目	236			
	8球目	235	257	216	
	9球目				
	10球目				
	標本平均	200.80			
	標本数	10			
	標本分散	656.16			

`=AVERAGE(C3:C12)`
`=COUNT(C3:C12)`
`=VAR.P(C3:C12)`

③ **オートフィル**を利用し、先ほど入力した関数を「Bさん」、「Cさん」にコピーします。これで3人の**標本平均、標本数、標本分散**を求めることができます。

(⇒) AP-04　オートフィル

オートフィルでコピー

引数のセル範囲と計算結果

　前ページのようにオートフィルを実行すると、関数のセル範囲に各列の3～12行目が指定されます。この場合、「Bさん」と「Cさん」のセル範囲に空白セルが含まれてしまいますが、このような状況でも正しい計算結果を得ることが可能です。

　「AVERAGE」や「COUNT」、「VAR.P」といった関数は、「空白セル」や「文字が入力されているセル」を無視して計算する仕組みになっています。よって、セル範囲に「空白セル」が含まれている場合も正しい計算結果を得られます。ただし、「データなし」を0（ゼロ）と入力してしまうと、その0が数値データとして扱われてしまうため、間違った計算結果になります。注意するようにしてください。

　そのほか、「VAR.S」や「STDEV.P」をはじめ、「F.TEST」、「T.TEST」といった関数も「空白セル」や「文字が入力されているセル」を無視して計算を行います。このため、空白セルを含めた状態でセル範囲を指定しても問題は生じません。

④ 続いて、**全データ**を対象にした**標本平均**、**標本数**、**標本分散**を求めます。各関数の引数は、全データを含むようにセル範囲を指定します。

（⇒）2.1.3　Excelで標本平均と標本分散を求める（AVERAGE、VAR.P）

	Aさん	Bさん	Cさん	全体
1球目	201	197	215	
2球目	184	267		
3球目	201	236		
4球目	239		254	
5球目	167	179	197	
6球目	187	237	241	
7球目	236			
8球目	235	257	216	
9球目	171	271	211	
10球目	187	198	219	
標本平均	200.80	230.25	221.86	216.12
標本数	10	8	7	25
標本分散	656.16	1072.19	317.84	861.55

=AVERAGE(C3:E12)
=COUNT(C3:E12)
=VAR.P(C3:E12)

第4章　分散分析
4.2　1要因の分散分析

⑤ これで**変動**を求めるための指標が揃いました。まずは**群間の変動**から算出していきましょう。ここでのポイントは**全平均**を**絶対参照**で指定することです。すると、数式をオートフィルで正しくコピーできるようになります。

（⇒）AP-03　セル範囲の指定

	A	B	C	D	E	F	G
13							
14			Aさん	Bさん	Cさん	全体	
15		標本平均	200.80	230.25	221.86	216.12	
16		標本数	10	8	7	25	
17		標本分散	656.16	1072.19	317.84	861.55	
18							
19			Aさん	Bさん	Cさん	全体	
20		群間の変動	=(C15-$F$15)^2*C16				
21		群内の変動					
22					合計		
23		全体の変動					
24							

（全平均）は絶対参照で指定　　= (標本平均 − 全平均)^2 × (標本数)

⑥ 先ほどの数式を**オートフィル**でコピーします。

（⇒）AP-04　オートフィル

	A	B	C	D	E	F	G
13							
14			Aさん	Bさん	Cさん	全体	
15		標本平均	200.80	230.25	221.86	216.12	
16		標本数	10	8	7	25	
17		標本分散	656.16	1072.19	317.84	861.55	
18							
19			Aさん	Bさん	Cさん	全体	
20		群間の変動	2347.02				
21		群内の変動					
22					合計		
23		全体の変動					
24							

オートフィルでコピー

143

⑦ **群間の変動**は、手順⑤〜⑥で算出した値の合計となります。よって、**関数「SUM」**で各値を合計します。

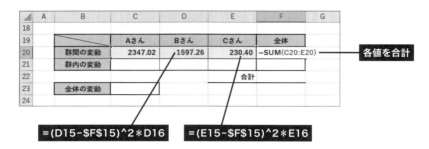

⑧ 続いて、**群内の変動**を算出していきます。まずは「Aさん」について（標本分散）×（標本数）を算出します。

	A	B	C	D	E	F	G
13							
14			Aさん	Bさん	Cさん	全体	
15		標本平均	200.80	230.25	221.86	216.12	
16		標本数	10	8	7	25	
17		標本分散	656.16	1072.19	317.84	861.55	
18							
19			Aさん	Bさん	Cさん	全体	
20		群間の変動	2347.02	1597.26	230.40	4174.68	
21		群内の変動	=C17*C16				
22					合計		
23		全体の変動					
24							

（標本分散）×（標本数）

⑨ 先ほどの数式を**オートフィル**でコピーします。

（⇒）AP-04　オートフィル

	A	B	C	D	E	F	G
13							
14			Aさん	Bさん	Cさん	全体	
15		標本平均	200.80	230.25	221.86	216.12	
16		標本数	10	8	7	25	
17		標本分散	656.16	1072.19	317.84	861.55	
18							
19			Aさん	Bさん	Cさん	全体	
20		群間の変動	2347.02	1597.26	230.40	4174.68	
21		群内の変動	6561.60				
22					合計		
23		全体の変動					
24							

オートフィルでコピー

⑩ **群内の変動**は、手順⑧〜⑨で算出した値の合計となります。よって、**関数「SUM」**で各値を合計します。

⑪ ここまでの計算を検算するために**全体の変動**を求めておきましょう。「全体の変動」は（全データの標本分散）×（全データの標本数）で算出できます。また、（群間の変動）＋（群内の変動）を計算し、その結果が「全体の変動」と一致することを確認します。

⑫ 続いて、**群間の分散**と**群内の分散**を算出していきます。まずは、先ほど算出した**群間の変動**と**群内の変動**を表に書き写します。このとき、数値を入力する代わりにセル参照を利用しても構いません。

	A	B	C	D	E	F	G
13							
14			Aさん	Bさん	Cさん	全体	
15		標本平均	200.80	230.25	221.86	216.12	
16		標本数	10	8	7	25	
17		標本分散	656.16	1072.19	317.84	861.55	
18							
19			Aさん	Bさん	Cさん	全体	
20		群間の変動	2347.02	1597.26	230.40	4174.68	
21		群内の変動	6561.60	8577.50	2224.86	17363.96	
22					合計	21538.64	
23		全体の変動	21538.64				
24							
25			変動	自由度	分散		
26		群間	4174.68				
27		群内	17363.96				
28							

=F21 =F20

⑬ **群間の自由度**は（**標本平均の個数**）−**1**となります。よって、「**=3−1**」という数式を入力します（計算結果を直接入力しても構いません）。

	A	B	C	D	E	F	G
13							
14			Aさん	Bさん	Cさん	全体	
15		標本平均	200.80	230.25	221.86	216.12	
16		標本数	10	8	7	25	
17		標本分散	656.16	1072.19	317.84	861.55	
18							
19			Aさん	Bさん	Cさん	全体	
20		群間の変動	2347.02	1597.26	230.40	4174.68	
21		群内の変動	6561.60	8577.50	2224.86	17363.96	
22					合計	21538.64	
23		全体の変動	21538.64				
24							
25			変動	自由度	分散		
26		群間	4174.68	=3-1			
27		群内	17363.96				
28							

=（標本平均の個数）−1

第4章　分散分析
4.2　1要因の分散分析

⑭ **群内の自由度**は（**全データの個数**）−（**標本平均の個数**）となります。これを数式で入力します（計算結果を直接入力しても構いません）。

	A	B	C	D	E	F	G
13							
14			Aさん	Bさん	Cさん	全体	
15		標本平均	200.80	230.25	221.86	216.12	
16		標本数	10	8	7	25	
17		標本分散	656.16	1072.19	317.84	861.55	
18							
19			Aさん	Bさん	Cさん	全体	
20		群間の変動	2347.02	1597.26	230.40	4174.68	
21		群内の変動	6561.60	8577.50	2224.86	17363.96	
22					合計	21538.64	
23		全体の変動	21538.64				
24							
25			変動	自由度	分散		
26		群間	4174.68	2			
27		群内	17363.96	=F16-3			
28							

=（全データの個数）−（標本平均の個数）

⑮ **群間の分散**を算出します。これは（**群間の変動**）／（**群間の自由度**）で算出できます。

	A	B	C	D	E	F	G
13							
14			Aさん	Bさん	Cさん	全体	
15		標本平均	200.80	230.25	221.86	216.12	
16		標本数	10	8	7	25	
17		標本分散	656.16	1072.19	317.84	861.55	
18							
19			Aさん	Bさん	Cさん	全体	
20		群間の変動	2347.02	1597.26	230.40	4174.68	
21		群内の変動	6561.60	8577.50	2224.86	17363.96	
22					合計	21538.64	
23		全体の変動	21538.64				
24							
25			変動	自由度	分散		
26		群間	4174.68	2	=C26/D26		
27		群内	17363.96	22			
28							

=（群間の変動）／（群間の自由度）

147

⑯ 同様に、**群内の分散**は（群内の変動）／（群内の自由度）で算出できます。

	A	B	C	D	E	F	G
13							
14			Aさん	Bさん	Cさん	全体	
15		標本平均	200.80	230.25	221.86	216.12	
16		標本数	10	8	7	25	
17		標本分散	656.16	1072.19	317.84	861.55	
18							
19			Aさん	Bさん	Cさん	全体	
20		群間の変動	2347.02	1597.26	230.40	4174.68	
21		群内の変動	6561.60	8577.50	2224.86	17363.96	
22					合計	21538.64	
23		全体の変動	21538.64				
24							
25			変動	自由度	分散		
26		群間	4174.68	2	2087.34		
27		群内	17363.96	22	=C27/D27		
28							

=（群内の変動）／（群内の自由度）

⑰ これで**分散分析**の準備が整いました。さっそく、**Fの値**を求めていきましょう。「Fの値」は（群間の分散）／（群内の分散）で算出できます。

	A	B	C	D	E	F	G
24							
25			変動	自由度	分散		
26		群間	4174.68	2	2087.34		
27		群内	17363.96	22	789.27		
28							
29		Fの値	=E26/E27				
30		確率95%のF					
31							
32							

=（群間の分散）／（群内の分散）

⑱ 今回の例では「Fの値」が2.645となりました。続いて、**確率95%のFの値**を関数「F.INV.RT」で求めます。

	A	B	C	D	E	F	G
24							
25			変動	自由度	分散		
26		群間	4174.68	2	2087.34		
27		群内	17363.96	22	789.27		
28							
29		Fの値	2.645				
30		確率95%のF	=F.INV.RT(0.05,D26,D27)				
31							
32							

=F.INV.RT（危険率,群間の自由度,群内の自由度）

⑲ 今回の例では「確率95％のFの値」が3.443となりました。F分布は片側分布となるため、確率95％の範囲は0～3.443となります。

	A	B	C	D	E	F	G
1							
2			Aさん	Bさん	Cさん		
3		1球目	201	197	215		
4		2球目	184	267			
5		3球目	201	236			
6		4球目	239		254		
7		5球目	167	179	197		
8		6球目	187	237	241		
9		7球目	236				
10		8球目	235	257	216		
11		9球目	171	271	211		
12		10球目	187	198	219		
13							
14			Aさん	Bさん	Cさん	全体	
15		標本平均	200.80	230.25	221.86	216.12	
16		標本数	10	8	7	25	
17		標本分散	656.16	1072.19	317.84	861.55	
18							
19			Aさん	Bさん	Cさん	全体	
20		群間の変動	2347.02	1597.26	230.40	4174.68	
21		群内の変動	6561.60	8577.50	2224.86	17363.96	
22					合計	21538.64	
23		全体の変動	21538.64				
24							
25			変動	自由度	分散		
26		群間	4174.68	2	2087.34		
27		群内	17363.96	22	789.27		
28							
29		Fの値	2.645				
30		確率95％のF	3.443	確率95％のFの値			
31							

　この結果を見ると、**Fの値**である2.645が**確率95％の範囲**（0～3.443）に含まれています。よって、帰無仮説を否定できないため、「**平均値に差があるとは言い切れない**」という結論に達します。言い換えると、「3人の飛距離に大差は認められない」という訳です。もちろん、本当は実力の差があるのかもしれませんが、統計学に従えば「今回のデータだけではそれを認めることができない」という結論になります。

　なお、**Fの値**が**確率95％のFの値**より大きかった場合は、「**平均値に差がある**」という結論に達します。ただし、3つの平均値のうち「どの組み合わせに差があるのか？」は判定できません。3組のいずれかに差がある可能性もありますし、全ての組み合わせに差がある可能性もあります。分散分析を行う際は、この点にも十分注意するようにしてください。

危険率と「平均値の差」の有意／無意

　先ほどの例では、危険率を5％（信頼区間95％）としました。仮に、この危険率を10％（信頼区間90％）に変更すると、「確率90％のFの値」は2.561となり、「平均値に差がある」という結論に達します。つまり、危険率5％では「差があるとは言い切れない」が、危険率10％では「差がある」という結論です。これはなかなか微妙な結論ですね。

　このように「平均値の差」の有意／無意は、危険率（信頼区間）に大きく依存します。危険率5％（信頼区間95％）という数値はあくまで統計学上の通例と考えてください。実際に統計処理を行うときは、調査内容に応じて適切な危険率を設定する必要があります。

4.2.2　分析ツールで1要因の分散分析を行う

　Excelには、**分散分析**を行うための**分析ツール**も用意されています。続いては、分析ツールで分散分析を行う手順を紹介しておきます。なお、ここでも**図4-1**（P134）を例に手順を紹介します。

① ［データ］タブを選択し、「データ分析」をクリックします。

（⇒）1.2.2　分析ツールのアドイン

第4章　分散分析
4.2　1要因の分散分析

② このような画面が表示されるので、「**分散分析：一元配置**」を選択し、[OK] ボタンをクリックします。

③ **分散分析（1要因）**の設定画面が表示されます。まずは「入力範囲」に**データが入力されているセル範囲**を指定します。今回は、「Aさん」、「Bさん」、「Cさん」の**見出しを含めたセル範囲**を指定しました。

④ 見出しを含めてセル範囲を指定した場合は、「**先頭行をラベルとして使用**」をチェックします。また、「**データ方向**」が「**列**」になっていることを確認します。

151

データ方向の指定

「データ方向」に「行」を指定した場合は、表のタテとヨコを入れ替えてデータを入力しなければいけません。つまり、表の左端に「見出し」を入力し、その右側に各々のデータを入力していく必要があります。

⑤「α」に**危険率**を指定します。通常は信頼区間の確率95％とするため、この値は0.05となります。

⑥ 出力オプションに「**出力先**」を選択し、分散分析の結果を表示する**先頭セル**を指定します。［**OK**］ボタンをクリックすると、ここで指定したセルを先頭に分散分析の結果が表示されます。

⑦ 今回の例では、以下のような結果が表示されました。**F の値**は「観測された分散比」に表示されます。また、**確率95%のFの値**は「F境界値」に表示されます。

	F	G	H	I	J	K	L	M	N
1									
2		分散分析: 一元配置							
3									
4		概要							
5		グループ	データの個数	合計	平均	分散			
6		Aさん	10	2008	200.8	729.0666667			
7		Bさん	8	1842	230.25	1225.357143			
8		Cさん	7	1553	221.8571429	370.8095238			
9									
10									
11		分散分析表							
12		変動要因	変動	自由度	分散	観測された分散比	P-値	F 境界値	
13		グループ間	4174.682857	2	2087.341429	2.644645518	0.093483444	3.443356779	
14		グループ内	17363.95714	22	789.2707792				
15									
16		合計	21538.64	24					
17									
18									
19									
20									
21									
22									
23									
24									

不偏分散

Fの値　　確率95%のFの値

　もちろん、この計算結果も4.2.1項と同じ数値になります（小数点以下の表示桁数が異なるだけです）。**Fの値**（2.64464…）は**確率95%の範囲**（0〜3.44335…）に含まれているため、「**平均値に差があるとは言い切れない**」という結論に達します。

　なお、「Aさん」〜「Cさん」の「分散」に表示されている値は、標本分散ではなく、**不偏分散**となります。このため、4.2.1項の計算結果と異なる数値が表示されます。

4.3 2要因の分散分析

　続いては、調査結果に影響を及ぼす**要因が2つある**場合の分散分析を解説します。この場合も基本的な考え方は同じですが、要因の組み合わせによる効果である**交互作用**に注意する必要があります。

4.3.1 要因と水準

　まずは、**要因**と**水準**という用語について解説します。ここでは、**図4-3**を例に解説を進めていきます。図4-3は、「Aさん」が「もっと飛距離を伸ばしたい」と考え、「ゴルフクラブ」（ドライバー）と「ボール」の比較実験を行った結果です。今回は「クラブ」と「ボール」をそれぞれ2種類ずつ用意したため、「クラブA×ボールA」、「クラブA×ボールB」、「クラブB×ボールA」、「クラブB×ボールB」という4つの組み合わせについて実験を行いました。以下は、それぞれの組み合わせで10球ずつボールを試打し、その飛距離を表にまとめた結果です。

	クラブA		クラブB	
	ボールA	ボールB	ボールA	ボールB
1球目	191	199	202	225
2球目	195	236	201	237
3球目	175	218	184	197
4球目	190	223	199	227
5球目	216	168	202	187
6球目	193	204	218	224
7球目	234	202	195	235
8球目	205	188	168	228
9球目	186	186	155	234
10球目	225	203	206	199
標本平均	201.00	202.70	193.00	219.30

図4-3　「クラブ」と「ボール」の比較実験

　この場合は「クラブ」と「ボール」が**要因**になります。**水準**は、各要因の比較条件を指します。たとえば「クラブ」の要因では、「クラブA」と「クラブB」の2つが水準になります。同様に、「ボール」の要因では、「ボールA」と「ボールB」の2つが水準になります。

第4章 分散分析
4.3 2要因の分散分析

4.3.2 要因が2つある場合の分散分析

要因が2つある分散分析では、それぞれの要因を群として考え、要因ごとに**Fの値**を算出します。たとえば**図4-3**の場合、「クラブ」と「ボール」について「Fの値」を算出します。そして、これらの**Fの値**と**確率95%のFの値**を比較し、要因ごとに差の有意／無為を判断します（これを**主効果**といいます）。

また、2要因の分散分析では**交互作用**が生じることにも注意しなければいけません。交互作用とは、要因単独の効果ではなく、組み合わせにより生じる効果のことです。これらの計算方法や関係をまとめると、以下のようになります。

◆**変動**

要因1の変動＝（各水準の標本平均－全平均）^{2}×（各水準の標本数）の合計
要因2の変動＝（各水準の標本平均－全平均）^{2}×（各水準の標本数）の合計
交互作用の変動
　　＝（全体の変動）－（要因1の変動）－（要因2の変動）－（群内の変動）
群内の変動＝（値－標本平均）^{2}の合計
　　　　　＝（標本分散）×（標本数）の合計
全体の変動＝（値－全平均）^{2}の合計
　　　　　＝（全データの標本分散）×（全データの標本数）

◆**自由度**

要因1の自由度＝（要因1の水準の数）－1
要因2の自由度＝（要因2の水準の数）－1
交互作用の自由度＝（要因1の自由度）×（要因2の自由度）
群内の自由度
　　＝（全体の自由度）－（要因1の自由度）－（要因2の自由度）－（交互作用の自由度）
全体の自由度＝（全データの個数）－1

◆**要因、交互作用、群内、全体の関係**

全体の変動
　　＝（要因1の変動）＋（要因2の変動）＋（交互作用の変動）＋（群内の変動）
全体の自由度
　　＝（要因1の自由度）＋（要因2の自由度）＋（交互作用の自由度）＋（群内の自由度）

◆分散

$$要因1の分散 = \frac{要因1の変動}{要因1の自由度} \qquad 要因2の分散 = \frac{要因2の変動}{要因2の自由度}$$

$$交互作用の分散 = \frac{交互作用の変動}{交互作用の自由度}$$

$$群内の分散 = \frac{群内の変動}{群内の自由度}$$

◆Fの値

$$要因1のF = \frac{要因1の分散}{群内の分散} \qquad 要因2のF = \frac{要因2の分散}{群内の分散}$$

$$交互作用のF = \frac{交互作用の分散}{群内の分散}$$

4.3.3 Excelで2要因の分散分析を行う

　4.3.2項では、かなり駆け足で2要因の分散分析について解説しました。もちろん、これだけの解説では実際の計算方法を理解できない方も沢山いるでしょう。2要因の分散分析は、その理論を詳しく解説するより、具体的な手順を見ながら学習した方が早く理解できると思います。そこで、**図4-3**（P154）を例に、Excelで2要因の分散分析を行う手順を紹介しておきます。

① まずは、**2要因の分散分析**を行うためのセルを準備します。今回は、次ページのような形でセルを準備しました。

第4章　分散分析
4.3　2要因の分散分析

分散分析のセルを準備

② それぞれの調査結果と全データについて、**標本平均**、**標本数**、**標本分散**を求めます。ここまでの手順は、1要因の分散分析と同じです（P141〜142参照）。

（⇒）4.2.1　Excelで1要因の分散分析を行う

各指標を関数で求める

③ 次に、**群内の変動**を算出します。この手順も1要因の分散分析と同じで、各調査結果の（**標本分散**）×（**標本数**）を計算し、その合計を求めます（P144〜145参照）。

（⇒）4.2.1　Excelで1要因の分散分析を行う

	A	B	C	D	E	F	G	H
14								
15							全体	
16		標本平均	201.00	202.70	193.00	219.30	204.00	
17		標本数	10	10	10	10	40	
18		標本分散	312.80	347.01	321.00	291.81	409.60	
19		群内の変動	3128.00	3470.10	3210.00	2918.10	12726.20	
20								

各値の合計を求める

（標本分散）×（標本数）

④ ここからが2要因ならではの分散分析となります。はじめに、**各水準の標本平均**を求めます。たとえば「クラブA」の場合、「C4:D13」をセル範囲に指定して**関数「AVERAGE」**を入力します。

	A	B	C	D	E	F	G	H
1								
2			クラブA		クラブB			
3			ボールA	ボールB	ボールA	ボールB		
4		1球目	191	199	202	225		
5		2球目	195	236	201	237		
6		3球目	175	218	184	197		
7		4球目	190	223	199	227		
8		5球目	216	168	202	187		
9		6球目	193	204	218	224		
10		7球目	234	202	195	235		
11		8球目	205	188	168	228		
12		9球目	186	186	155	234		
13		10球目	225	203	206	199		
14								
15							全体	
16		標本平均	201.00	202.70	193.00	219.30	204.00	
17		標本数	10	10	10	10	40	
18		標本分散	312.80	347.01	321.00	291.81	409.60	
19		群内の変動	3128.00	3470.10	3210.00	2918.10	12726.20	
20								
21			クラブA	クラブB	ボールA	ボールB		
22		標本平均	=AVERAGE(C4:D13)					
23		標本数						
24		標本分散						
25								

「クラブA」の標本平均を求める

158

第4章　分散分析

4.3　2要因の分散分析

⑤ さらに「クラブA」の**標本数**（**COUNT**）、**標本分散**（**VAR.P**）を算出します。同様に「クラブB」の各指標は「E4:F13」をセル範囲に指定すると求められます。

	A	B	C	D	E	F	G	H
20								
21			クラブA	クラブB	ボールA	ボールB		
22		標本平均	201.85	206.15				
23		標本数	20	20				
24		標本分散	330.63	479.33				
25								

「クラブA」「クラブB」の各指標を関数で求める

⑥「ボールA」「ボールB」についても**各水準の指標**を求めます。こちらはデータのセル範囲が離れているため、「**,**」（**カンマ**）を利用してセル範囲を指定します。たとえば「ボールA」の場合、「C4:C13,E4:E13」がセル範囲となります。

（⇒）AP-03　セル範囲の指定

	A	B	C	D	E	F	G	H
1								
2			クラブA		クラブB			
3			ボールA	ボールB	ボールA	ボールB		
4		1球目	191	199	202	225		
5		2球目	195	236	201	237		
6		3球目	175	218	184	197		
7		4球目	190	223	199	227		
8		5球目	216	168	202	187		
9		6球目	193	204	218	224		
10		7球目	234	202	195	235		
11		8球目	205	188	168	228		
12		9球目	186	186	155	234		
13		10球目	225	203	206	199		
14								
15							全体	
16		標本平均	201.00	202.70	193.00	219.30	204.00	
17		標本数	10	10	10	10	40	
18		標本分散	312.80	347.01	321.00	291.81	409.60	
19		群内の変動	3128.00	3470.10	3210.00	2918.10	12726.20	
20								
21			クラブA	クラブB	ボールA	ボールB		
22		標本平均	201.85	206.15	=AVERAGE(C4:C13,E4:E13)			
23		標本数	20	20				
24		標本分散	330.63	479.33				
25								

「ボールA」の標本平均を求める

159

⑦ 同様に「ボールB」の各指標は、セル範囲に「D4:D13,F4:F13」を指定して求めます。

（⇒）AP-03　セル範囲の指定

	A	B	C	D	E	F	G	H
20								
21			クラブA	クラブB	ボールA	ボールB		
22		標本平均	201.85	206.15	197.00	211.00		
23		標本数	20	20	20	20		
24		標本分散	330.63	479.33	332.90	388.30		
25								

「ボールA」「ボールB」の各指標を関数で求める

⑧ 次に、**要因1の変動**、すなわち「クラブ」の変動を算出します。これは「クラブA」と「クラブB」の**標本平均**と**標本数**ならびに**全体の標本平均（全平均）**を参照する数式で算出できます。

	A	B	C	D	E	F	G	H
14								
15							全体	
16		標本平均	201.00	202.70	193.00	219.30	204.00	
17		標本数	10	10	10	10	40	
18		標本分散	312.80	347.01	321.00	291.81	409.60	
19		群内の変動	3128.00	3470.10	3210.00	2918.10	12726.20	
20								
21			クラブA	クラブB	ボールA	ボールB		
22		標本平均	201.85	206.15	197.00	211.00		
23		標本数	20	20	20	20		
24		標本分散	330.63	479.33	332.90	388.30		
25								
26			変動	自由度	分散			
27		クラブ	=(C22-G16)^2*C23+(D22-G16)^2*D23					
28		ボール						
29		交互作用						
30		群内						
31		全体						
32								

= （各水準の標本平均−全平均）^{2} × （各水準の標本数）の合計

160

⑨ **要因2の変動**は「ボール」の変動となります。こちらも「ボールA」と「ボールB」の**標本平均**と**標本数**ならびに**全体の標本平均（全平均）**を参照する数式で算出できます。

	A	B	C	D	E	F	G	H
14								
15							全体	
16		標本平均	201.00	202.70	193.00	219.30	204.00	
17		標本数	10	10	10	10	40	
18		標本分散	312.80	347.01	321.00	291.81	409.60	
19		群内の変動	3128.00	3470.10	3210.00	2918.10	12726.20	
20								
21			クラブA	クラブB	ボールA	ボールB		
22		標本平均	201.85	206.15	197.00	211.00		
23		標本数	20	20	20	20		
24		標本分散	330.63	479.33	332.90	388.30		
25								
26			変動	自由度	分散			
27		クラブ	184.90					
28		ボール	=(E22-G16)^2*E23+(F22-G16)^2*F23					
29		交互作用						
30		群内						

＝（各水準の標本平均−全平均）^{2}×（各水準の標本数）の合計

⑩ 「交互作用の変動」は後回しにして、**群内の変動**と**全体の変動**を求めます。「群内の変動」はすでに算出されているため、そのセルを参照するだけです。「全体の変動」は、（全データの標本分散）×（全データの標本数）で算出できます。

	A	B	C	D	E	F	G	H
14								
15							全体	
16		標本平均	201.00	202.70	193.00	219.30	204.00	
17		標本数	10	10	10	10	40	
18		標本分散	312.80	347.01	321.00	291.81	409.60	
19		群内の変動	3128.00	3470.10	3210.00	2918.10	12726.20	← 群内の変動
20								
21			クラブA	クラブB	ボールA	ボールB		
22		標本平均	201.85	206.15	197.00	211.00		
23		標本数	20	20	20	20		
24		標本分散	330.63	479.33	332.90	388.30		
25								
26			変動	自由度	分散			
27		クラブ	184.90					
28		ボール	1960.00	=G19				
29		交互作用						
30		群内	12726.20					
31		全体	=G18*G17					
32								

＝（全データの標本分散）×（全データの標本数）

161

⑪ **交互作用の変動**は、（全体の変動）−（要因1の変動）−（要因2の変動）−（群内の**変動**）で算出できます。これで全ての変動が揃いました。

	A	B	C	D	E	F	G	H
25								
26			変動	自由度	分散			
27		クラブ	184.90					
28		ボール	1960.00					
29		交互作用	=C31-C27-C28-C30					
30		群内	12726.20					
31		全体	16384.00					
32								

＝（全体の変動）−（要因1の変動）−（要因2の変動）−（群内の変動）

⑫ 続いて、**自由度**を求めていきます。**各要因の自由度**は（水準の数）−1で算出できます。「クラブ」の場合、「クラブA」と「クラブB」の2つが水準となるため、「＝2−1」が計算式となります。「ボール」の場合も同様で、「ボールA」と「ボールB」の2つが水準となるため「＝2−1」と入力します（計算結果を直接入力しても構いません）。

	A	B	C	D	E	F	G	H
25								
26			変動	自由度	分散			
27		クラブ	184.90	1				
28		ボール	1960.00	=2-1				
29		交互作用	1512.90					
30		群内	12726.20					
31		全体	16384.00					
32								

＝（水準の数）−1

⑬ **交互作用の自由度**は、（要因1の自由度）×（要因2の自由度）で算出できます。

	A	B	C	D	E	F	G	H
25								
26			変動	自由度	分散			
27		クラブ	184.90	1				
28		ボール	1960.00	1				
29		交互作用	1512.90	=D27*D28				
30		群内	12726.20					
31		全体	16384.00					
32								

＝（要因1の自由度）×（要因2の自由度）

⑭「**群内の自由度**」は後回しにして、**全体の自由度**を求めます。この指標は（全データの個数）−1で算出できます。

⑮ これで**群内の自由度**を算出できます。（全体の自由度）−（要因1の自由度）−（要因2の自由度）−（交互作用の自由度）を数式で入力し、その値を求めます。

⑯ それぞれの**分散**は（**変動**）／（**自由度**）となります。よって、その数式を入力し、分散を求めます。

⑰ それぞれのＦの値は、（分散）／（群内の分散）で算出できます。

	A	B	C	D	E	F	G	H
25								
26			変動	自由度	分散			
27		クラブ	184.90	1	184.90			
28		ボール	1960.00	1	1960.00			
29		交互作用	1512.90	1	1512.90			
30		群内	12726.20	36	353.51			
31		全体	16384.00	39				
32								
33		クラブのF	0.523		=E27／E30			
34		ボールのF	5.544		=E28／E30			
35		交互作用のF	4.280					
36		確率95％のF			=E29／E30			
37								
38								

⑱ 分散分析を行うには、それぞれの**要因**や**交互作用**について**確率95％のＦの値**を求めなければいけません。今回の例では、いずれも自由度が１となるため、**関数「F.INV.RT」**の入力は１回で済みます。なお、それぞれの自由度が異なる場合は、必要な数だけ「確率95％のＦの値」を求めなければなりません。

※**要因1、要因2、交互作用**の自由度を群間の自由度と考えます。

	A	B	C	D	E	F	G	H
25								
26			変動	自由度	分散			
27		クラブ	184.90	1	184.90			
28		ボール	1960.00	1	1960.00			
29		交互作用	1512.90	1	1512.90			
30		群内	12726.20	36	353.51			
31		全体	16384.00	39				
32								
33		クラブのF	0.523					
34		ボールのF	5.544					
35		交互作用のF	4.280					
36		確率95％のF	=F.INV.RT(0.05,1,D30)					
37								
38								

=F.INV.RT(危険率,群間の自由度,群内の自由度)

164

⑲ 今回の例では「確率95％のFの値」が4.113となりました。これを基準に、各要因や交互作用の**Fの値**を比較します。

	A	B	C	D	E	F	G	H
20								
21			クラブA	クラブB	ボールA	ボールB		
22		標本平均	201.85	206.15	197.00	211.00		
23		標本数	20	20	20	20		
24		標本分散	330.63	479.33	332.90	388.30		
25								
26			変動	自由度	分散			
27		クラブ	184.90	1	184.90			
28		ボール	1960.00	1	1960.00			
29		交互作用	1512.90	1	1512.90			
30		群内	12726.20	36	353.51			
31		全体	16384.00	39				
32								
33		クラブのF	0.523					
34		ボールのF	5.544					
35		交互作用のF	4.280					
36		確率95％のF	4.113	確率95％のFの値				
37								

今回の例では、それぞれの**要因**ならびに**交互作用**の「確率95％の範囲」が0～4.113となりました。「クラブ」の**Fの値**は0.523で確率95％の範囲内にあります。よって、**「クラブA」と「クラブB」に差があるとは言い切れない**と考えます。

一方、「ボール」の**Fの値**は5.544で確率95％の範囲を超えています。よって、**「ボールA」と「ボールB」には差がある**と考えます。それぞれの標本平均は、「ボールA」が197yd、「ボールB」が211ydなので、**「ボールB」の方が優れている**と考えられます。以上をまとめると、以下のような結論に達します。

・**要因1（クラブ）**
　「クラブA」と「クラブB」に差があるとは言い切れない。

・**要因2（ボール）**
　「ボールA」と「ボールB」には差がある。
　「ボールB」の方が遠くまでボールを飛ばせる。

ただし、**交互作用のFの値**が確率95％の範囲を超えていることを忘れてはいけません。この場合、「組み合わせ」によって差が生じると考えられます。このような場合は、それぞれの組み合わせについて標本平均をグラフにすると状況がわかりやすくなります。

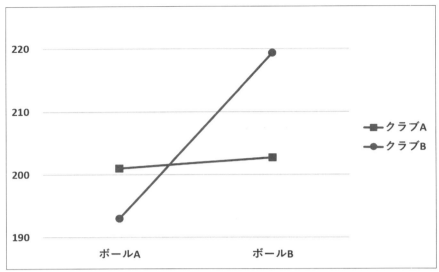

図4-4　組み合わせと標本平均のグラフ

　このグラフを見ると、「クラブA」はボールの影響をあまり受けないことがわかります。対して「クラブB」は、ボールによって標本平均が大きく異なります。どうやら、ここに「組み合わせ」の差があるようです。要するに、単独では「クラブA」と「クラブB」に差があるとは言い切れないが、**「ボールB」と組み合わせて使うなら「クラブB」の方が優れている**、と考えられるわけです。

　これまでの話をまとめると、「ボールA」より「ボールB」の方が優秀である。さらに、「ボールB」と組み合わせるなら「クラブB」の方が優秀である、という結論に達します。

4.3.4　分析ツールで2要因の分散分析を行う

　2要因の分散分析も**分析ツール**で検証することが可能です。最後に、図4-3と同じデータを例に、この操作手順を解説しておきましょう。

① 分析ツールを使用するときは、以下のような配置でデータを入力しなければいけません。また、それぞれの条件においてデータの個数を統一しておく必要があります（空白セルなどがあると、分析ツールを実行できません）。

	A	B	C	D
2			ボールA	ボールB
3			191	199
4			195	236
5			175	218
6			190	223
7		クラブA	216	168
8			193	204
9			234	202
10			205	188
11			186	186
12			225	203
13			202	225
14			201	237
15			184	197
16			199	227
17		クラブB	202	187
18			218	224
19			195	235
20			168	228
21			155	234
22			206	199

← このようにデータを入力

② [データ] タブを選択し、「データ分析」をクリックします。

(⇒) 1.2.2 分析ツールのアドイン

③ このような画面が表示されるので、「**分散分析：繰り返しのある二元配置**」を選択し、[**OK**]ボタンをクリックします。

④ **分散分析（2要因）**の設定画面が表示されます。まずは、「**入力範囲**」に**データが入力されているセル範囲**を指定します。ここには**見出しを含めたセル範囲**を指定するのが基本です。

⑤ 続いて、**各条件に何個のデータがあるか**を「1標本あたりの行数」に指定します。今回の例では10個ずつデータがあるので「10」と入力します。

⑥「α」に**危険率**を指定します。信頼区間の確率95％の場合、この値は0.05となります。

⑦ 出力オプションに「**出力先**」を選択し、分散分析の結果を表示する**先頭セル**を指定します。［OK］**ボタン**をクリックすると、ここで指定したセルを先頭に分散分析の結果が表示されます。

⑧ 今回の例では、以下のような結果が表示されました。**Fの値**は「観測された分散比」、**確率95％のFの値**は「F境界値」に表示されます。「標本」は表の左端に入力した**要因**（クラブ）、「列」は表の上端に入力した**要因**（ボール）を示しています。

	E	F	G	H	I	J	K	L	M
1									
2		分散分析: 繰り返しのある二元配置							
3									
4		概要	ボールA	ボールB	合計				
5		クラブA							
6		データの個数	10	10	20				
7		合計	2010	2027	4037				
8		平均	201	202.7	201.85				
9		分散	347.5556	385.5667	348.0289				
10									
11		クラブB							
12		データの個数	10	10	20				
13		合計	1930	2193	4123				
14		平均	193	219.3	206.15				
15		分散	356.6667	324.2333	504.5553			不偏分散	
16									
17		合計							
18		データの個数	20	20					
19		合計	3940	4220					
20		平均	197	211					
21		分散	350.4211	408.7368					
22									
23									
24		分散分析表							
25		変動要因	変動	自由度	分散	観測された分散比	P-値	F 境界値	
26		標本	184.9	1	184.9	0.523046943	0.474218	4.113165	
27		列	1960	1	1960	5.544467319	0.024112	4.113165	
28		交互作用	1512.9	1	1512.9	4.279706432	0.045809	4.113165	
29		繰り返し誤差	12726.2	36	353.5056				
30									
31		合計	16384	39					
32									

Fの値 / 確率95％のFの値

　もちろん、この計算結果は4.3.3項と同じ数値になります（小数点以下の表示桁数が異なるだけです）。それぞれの**確率95％の範囲**は0〜4.113165であり、「標本」（クラブ）の**Fの値**はこの範囲内に含まれます。一方、「列」（ボール）と「交互作用」の**Fの値**は、確率95％の範囲外にあります。よって、「クラブには差があるとは言い切れない」、「ボールには差がある」、「組み合わせにも差がある」という結論に達します。

　なお、この結果の上部に表示されている「分散」は**不偏分散**となります。このため、4.3.3項の計算結果と異なる数値が表示されます。

付 録

統計処理でよく利用する Excel操作

- AP-01　数式の入力
- AP-02　関数の利用
- AP-03　セル範囲の指定
- AP-04　オートフィル
- AP-05　表示形式の変更
- AP-06　グラフの編集
- AP-07　統計処理で利用する関数

AP-01 数式の入力

Excelで数式を使用するときは、最初に「＝」（イコール）の文字を入力します。続いて、数字や**演算記号**、**セル参照**を記述して数式を入力していきますが、このとき「×」や「÷」の記号は使用できないことに注意してください。Excelでは以下の演算記号で演算方法を指定します。また、セル参照は「A3」や「C5」のように**列番号→行番号**の順に記述します。

■ Excelで利用できる演算記号

計算方法	演算記号	入力例	実行される計算
足し算	＋	＝A3＋8	「A3セルの値」に8を足す
引き算	－	＝B2－C2	「B2セルの値」から「C2セルの値」を引く
掛け算	＊	＝C5＊D5	「C5セルの値」に「D5セルの値」を掛ける
割り算	／	＝C5／10	「C5セルの値」を10で割る
べき乗	＾	＝C5＾3	「C5セルの値」を3乗する
パーセント	％	＝C5＊20％	「C5セルの値」の20％を求める
カッコ	（　）	＝(A2＋500)＊1.08	「A2＋500」を先に計算する

AP-01.1 数式の入力例

ここでは、（単価）×（数量）を求め、さらに（送料）を加算する場合を例に数式の入力方法を紹介します。

① 数式を入力するセルにカーソルを移動し、「＝」（イコール）の文字を入力します。

② 続いて、数式を入力していきます。（単価）×（数量）は、B4セルとC4セルの掛け算になるため「B4＊C4」で計算できます。さらに（送料）である「D4」を足すと、数式は「＝B4＊C4＋D4」となります。

③ この状態で［Enter］キーを押すと、数式の計算結果が表示されます。

計算の優先順位

Excelでは、一般的な数学と同じように「掛け算」「割り算」を「足し算」「引き算」より優先して計算します。このため、先ほどの例を「＝(B4＊C4)＋D4」のようにカッコ付きで記述する必要はありません。ただし、「足し算」「引き算」を先に計算させる場合は、適切な位置にカッコを記述しておく必要があります。

なお、「べき乗」（＾）の計算は、「掛け算」「割り算」よりも優先して計算されます。数式を入力する際は、これらの優先順位にも注意するようにしてください。

（例）「＝D5＋B4＊C4＾2」と入力した場合の優先順位
　　①「C4」の2乗
　　②「B4」×「C4の2乗」
　　③「D5」＋「B4×C4の2乗」

AP-02　関数の利用

　Excelには、複雑な計算を簡単に処理できる**関数**が用意されています。もちろん、統計処理を行う際にも関数の利用は欠かせません。Excelを活用する上で必須となる機能なので、その使い方を必ず覚えておいてください。

AP-02.1　関数の書式

　関数を利用するときも最初に「＝」（イコール）を入力し、続けて**関数名**と**引数**を入力します。引数は、関数名に続くカッコ内に記述します。これらをまとめると、関数の書式は以下のようになります。

◆関数の書式

　　　＝関数名(引数)

　引数には、関数が参照する**セル**や**セル範囲**、または**数値**などを指定します。たとえば、合計を求める関数「SUM」の場合、引数に「合計を求めるセル範囲」を指定します。たとえば、以下のセル範囲の合計を算出するときは、「＝SUM(C2:C6)」と関数を入力すると合計を算出できます。
※セル範囲やセル参照の指定方法については、P181～184で詳しく解説します。

AP-02.2 関数の入力例（1） オートSUM

　Excelには、関数の入力を補助する機能が用意されています。その代表例といえるのが、[**数式**]タブにある「**オートSUM**」です。「オートSUM」の▼をクリックすると、**合計**、**平均**、**数値の個数**、**最大値**、**最小値**といった5つの関数が表示されます。これらの関数は、一覧から計算方法を選択するだけで入力できます。

「オートSUM」に用意されている関数

　「**オートSUM**」を利用した場合は、関数の引数となる**セル範囲**が自動入力されます。ただし、このセル範囲が適切でない場合もあることに注意してください。自動入力されたセル範囲は点線で囲まれて表示されます。これをよく確認し、もしも間違っていた場合は、自分でセル範囲を修正しなければいけません。

例1 ●セル範囲が正しく認識された場合

例2●セル範囲が正しく認識されなかった場合

付録 統計処理でよく利用するExcel操作
AP-02 関数の利用

AP-02.3 関数の入力例（2）　関数の挿入

利用する**関数名**や**引数の指定方法**がよくわからない場合は、「**関数の挿入**」を利用してキーワード検索を行います。以下にその手順を示しておくので、未知の関数を入力するときの参考にしてください。

① 関数を入力するセルにカーソルを移動します。続いて、[**数式**] **タブ**にある「**関数の挿入**」をクリックします。

② 以下のような画面が表示されるので、「**関数の検索**」に計算方法などのキーワードを入力し、[**検索開始**] **ボタン**をクリックします。ここでは、「割り算したときの余り」を求める場合を例に関数を検索してみます。

③ キーワードに合致する関数が一覧表示されます。一覧から**関数を選択**すると、その関数の説明が表示されます。これを参考に最適な関数を選択し、[**OK**] **ボタン**をクリックします。

④ 関数の**引数**を指定する画面が表示されます。画面の指示に従ってセルやセル範囲、数値などを指定し、[**OK**] **ボタン**をクリックします。

⑤ 関数の入力が完了し、その計算結果が表示されます。

AP-02.4 関数の入力例（3） 関数の直接入力

利用する**関数名**や**引数の指定方法**がわかっている場合は、セルに関数を直接入力しても構いません。この場合は、セル（または**数式バー**）に関数を直接入力します。

AP-03 セル範囲の指定

関数を利用する際に、引数に**セル範囲**を指定する場合もよくあります。続いては、セル範囲を指定する方法、ならびに**相対参照**と**絶対参照**について解説します。

AP-03.1 セル範囲の指定

セル範囲を指定するときは、その範囲内にある「左上のセル」と「右下のセル」を「:」（コロン）で区切って記述します。たとえば、以下のセル範囲は「C4:F8」と入力すると指定できます。

AP-03.2 離れたセル範囲を指定するには？

指定するセル範囲が離れている場合は、それぞれのセル範囲を「,」（カンマ）で区切って列記します。たとえば、次ページに示すセル範囲を指定するときは、「B3:D6,F4:G8」と記述します。

（使用例）

「C4:F4」と「C7:F7」の合計を算出

　セル範囲が四角形にならない場合も「,」（カンマ）を利用してセル範囲を指定します。たとえば、以下のセル範囲は「B3:C8,D6:F8」で指定できます。

AP-03.3 相対参照と絶対参照

数式や関数を他のセルにコピーすると、その**セル参照**や**セル範囲**が自動補正される仕組みになっています。たとえば、G4セルに「=SUM(C4:F4)」と入力し、これをG7セルにコピーすると、関数の引数が「=SUM(C7:F7)」に自動補正されます。

このように、自動補正が行われるセル参照やセル範囲のことを**相対参照**といいます。一方、自動補正が行われない参照方法も用意されています。こちらは**絶対参照**と呼ばれ、列番号や行番号の前に「**$**」（**ドル**）の記号を付けてセル参照やセル範囲を指定します。

■相対参照と絶対参照の指定例

	相対参照	絶対参照
セル番号	C4	$C$4
セル範囲	B2:D5	$B$2:$D$5

たとえば以下の例の場合、「送料」のセルを絶対参照で指定しておかないと、数式をコピーした際に正しい計算結果を得られなくなってしまいます。

このように、セル参照には**相対参照**と**絶対参照**の2つの指定方法が用意されています。状況に応じて両者を使い分けることが、Excelを上手に使いこなすコツです。それぞれ指定方法の違いをよく理解しておいてください。

なお、行／列の挿入や削除を行った場合は、相対参照／絶対参照に関わらず、セル参照やセル範囲が自動補正されます。

AP-04 オートフィル

Excelには、数値や文字、数式、関数を特定のルールに従ってコピーできる**オートフィル**が用意されています。続いては、オートフィルの使い方を解説します。

AP-04.1 オートフィルの利用方法

オートフィルを使ってデータをコピーするときは、コピー元となるセルにカーソルを移動し、**カーソルの右下にある■を上下左右にドラッグ**します。すると、ドラッグしたセル範囲にデータをコピーできます。

上の例のように、コピー元のデータが「一般的な文字」であった場合は、元の文字がそのままコピーされます。コピー元のデータが「月、火、水、……」や「1年、2年、3年、……」のように特定のルールに従って変化していく文字であった場合は、そのルールに従って文字がコピーされます。

AP-04.2 数式や関数のオートフィル

　オートフィルを利用して**数式**や**関数**をコピーすることも可能です。この場合は、数式や関数に含まれる**セル参照**（**セル範囲**）がマウスをドラッグした方向に応じて以下のように自動補正されます。

◆マウスを下（上）にドラッグした場合
　・列番号 ……… 補正なし
　・行番号 ……… 1つずつ増加（1つずつ減少）

◆マウスを右（左）にドラッグした場合
　・列番号 ……… 1つずつ増加（1つずつ減少）
　・行番号 ……… 補正なし

　この仕組みを利用して、数式や関数を入力する手間を省くことも可能です。たとえば、D4セルに「=B4*C4」という数式を入力し、この数式をオートフィルでコピーすると、数式内のセル参照が次ページのように自動補正されます。このため、数式内のセル参照を修正しなくても正しい計算結果を得られます。

なお、オートフィルによる自動補正が有効となるのは、**相対参照**で指定したセル参照（セル範囲）だけです。**絶対参照**で指定したセル参照（セル範囲）は、自動補正が適用されないことに注意してください。

AP-04.3 オートフィル オプション

オートフィルを使ってコピーを実行すると、画面に▣（**オートフィル オプション**）が表示されます。ここでは、「コピー元の書式をコピー先に引き継ぐか？」などを指定します。▣をクリックすると以下のようなメニューが表示されるので、この中から最適な項目を選択してください。

	A	B	C	D	E	F	G	H
1								
2								
3		単価	数量	小計				
4		50	10	500				
5		68	2	136				
6		120	5	600				
7		70	8	560				
8		60	4	240				
9		200	3	600				
10		260	2	520				
11		140	10	1400		クリック		
12		210	6	1260				
13								
14			○ セルのコピー(C)					最適な項目を選択
15			○ 書式のみコピー (フィル)(F)					
16			○ 書式なしコピー (フィル)(O)					
17			○ フラッシュ フィル(F)					
18								

・セルのコピー

コピー元の文字／数値／数式／関数だけでなく、セルの書式もコピーされます。

・書式のみコピー（フィル）

コピー元の書式だけがコピーされます。コピー先のデータは変更されません。

・書式なしコピー（フィル）

コピー元の文字／数値／数式／関数だけがコピーされます。コピー先のセルの書式は、以前の状態がそのまま維持されます。

なお、コピー元のデータが数値であった場合は、「**連続データ**」という項目も表示されます。これを選択すると、数値を「連続した数値」としてコピーできます。

付録　統計処理でよく利用するExcel操作
AP-05　表示形式の変更

オートフィルを実行したあと、これを選択

数値が連続データになる

AP-05　表示形式の変更

各セルに入力した数値、ならびに数式や関数の計算結果として表示された数値は、**小数点以下の表示桁数**を自由に変更できます。続いては、セルの**表示形式**を指定する方法を紹介します。

AP-05.1　「セルの書式設定」で表示桁数を変更

小数点以下の表示桁数を変更するときは、「**セルの書式設定**」を利用します。次ページにその手順を紹介しておくので、設定を変更するときの参考としてください。

189

① 表示形式を変更するセル（またはセル範囲）を選択します。続いて、[ホーム] タブの「数値」の領域にある をクリックします。

②「セルの書式設定」の [表示形式] タブが表示されます。この画面の左側で「数値」を選択すると、選択していたセルの表示形式を「数値」に変更できます。

③ 続いて、セルに表示する「**小数点以下の桁数**」を指定します。そのほか、**桁区切り**(,)の有無や**負の数**の表示形式などを指定することも可能です。

④ [**OK**] **ボタン**をクリックすると設定変更が反映され、小数点以下が指定した桁数で表示されます。

小数点以下の表示桁数を指定すると、その**1つ下の位で四捨五入した結果**がセルに表示されます。この四捨五入は、あくまで表示を変更するだけのものであり、**実際の数値データが変更されることはありません**。

たとえば、先ほどの例で小数点以下の表示桁数を3桁に変更すると、「157.55」と表示されていたセル（D26セル）の表示は「157.548」に変化します。つまり、セルに記録されている157.5475…（計算結果）は何も変更されず、その表示だけが四捨五入されていることになります。

	A	B	C	D	E	F
20		16	91	52		
21		17	56	53		
22		18	77	47		
23		19	46	61		
24		20	51	59		
25		平均点	58.900	59.050		
26		分散	250.890	157.548	← 小数点以下を	
27		標準偏差	15.840	12.552	3桁で表示した場合	
28						
29						

AP-05.2 小数点以下の桁数をアイコンで指定

小数点以下の表示桁数を［ホーム］タブにあるアイコンで指定することも可能です。セル（またはセル範囲）を選択した状態で 🔼 をクリックすると、小数点以下の表示桁数を1桁増やすことができます。逆に 🔽 をクリックすると、小数点以下の表示桁数を1桁少なくできます。

AP-06 グラフの編集

Excelにはグラフの作成機能が用意されています。ただし、必ずしも見やすいグラフが作成されるとは限りません。このような場合は、グラフの書式を変更すると見やすいグラフに仕上げられます。続いては、よく利用されるグラフの書式指定について紹介しておきます。

AP-06.1 グラフ要素の表示と配置

グラフ内に表示する要素を変更するときは、グラフをクリックして選択し、 + （**グラフ要素**）をクリックします。続いて、各要素の項目にチェックを入れると、その要素をグラフ内に表示できます。これとは逆に、表示されている要素をグラフから消去したい場合は、その項目のチェックを外します。

次ページに、よく使用される要素の名称を紹介しておくので参考にしてください。

そのほか、[デザイン]タブにある「**グラフ要素を追加**」を使って各要素の表示／非表示（なし）を指定したり、要素の位置を変更したりすることも可能です。

AP-06.2 グラフ要素の編集手順

グラフ内にある要素の書式を変更するときは、その要素を**右クリック**して「○○の書式設定」を選択するか、もしくは要素を**ダブルクリック**します。すると、その要素の書式を細かく指定できる設定画面が表示されます。

AP-06.3 軸の書式設定

それでは、各要素の書式指定について解説していきましょう。まずは、縦軸（数値軸）に表示されている数値の**最大値**、**最小値**、**目盛間隔**を変更する手順から解説します。

グラフの縦軸を右クリックして「**軸の書式設定**」を選択すると、以下のような設定画面が表示されます。ここで各項目に数値を入力していくと、数値軸の範囲（最小値〜最大値）や目盛間隔をカスタマイズできます。

付録　統計処理でよく利用するExcel操作
AP-06　グラフの編集

軸の文字の書式を変更するには？

縦軸または横軸に表示されている文字や数値の書式を変更するときは、その要素をクリックして選択し、[**ホーム**]タブで書式を指定します。軸の文字が小さすぎる場合は「**フォント サイズ**」を大きくすると、見やすいグラフに仕上げられます。

AP-06.4　グラフの色

各系列の色を変更するときは、その系列を**右クリック**し、「**塗りつぶし**」のアイコンをクリックします。すると、以下の図のような画面が表示され、グラフ（系列）の色を自由に変更できるようになります。なお、一覧に表示されていない色を指定するときは、「**塗りつぶしの色**」を選択し、「色の設定」ウィンドウで色を指定します。

197

AP-06.5 グラフ タイトルの編集

グラフの上部には、「**グラフ タイトル**」と表示されている領域（要素）があります。ここには、グラフの内容を示す文字を入力するのが一般的です。グラフ タイトルに入力した文字の書式は、[**ホーム**]**タブ**で変更することが可能です。

なお、グラフ タイトルの表記が必要ない場合は、➕で「グラフ タイトル」のチェックを外し、グラフ タイトルを消去しても構いません（P193参照）。

AP-06.6 軸ラベルの書式設定

縦軸や横軸に表示した**軸ラベル**の文字を変更したり、書式を指定したりすることも可能です。この操作手順はグラフ タイトルを編集する場合と基本的に同じです。

そのほか、縦軸（または横軸）の**軸ラベル**だけを表示させることも可能となっています。この場合は [**デザイン**] **タブ**を選択し、「**グラフ要素を追加**」→「**軸ラベル**」で消去する軸ラベルをOFFにします。

AP-06.7 目盛線の設定

目盛線や補助目盛線を表示したい場合は、[デザイン] タブを選択し、「グラフ要素を追加」→「目盛線」で表示する目盛線をONにします。なお、➕で「目盛線」にチェックを入れた場合は、横軸の目盛線だけが表示される仕組みになっています。

目盛線、補助目盛線の間隔は「軸の書式設定」で指定します（P196参照）。

AP-06.8 グラフのデザインの変更

グラフのデザインを変更したいときは、🖌（**グラフ スタイル**）を利用すると便利です。この一覧から好きなデザインを選択すると、グラフ全体のデザインを手軽に変更できます。

AP-07 統計処理で利用する関数

　最後に、統計処理でよく利用するExcel関数をまとめておきます。関数の書式を忘れてしまった場合などに参照してください。

◆**数値の個数（標本数）**
　指定したセル範囲内に入力されている**数値データの個数**を数えます。**標本数**（データの個数）を求める場合などに活用できます。

=COUNT(セル範囲)

◆**平方根**
　引数に指定した値（セル参照、数式）の**平方根**を算出します。

=SQRT(値)

◆**平均値（標本平均）**
　指定したセル範囲の**平均値**を求めます。**標本平均**を求める際にも利用します。

=AVERAGE(セル範囲)

◆**最大値**
　指定したセル範囲の**最大値**を求めます。

=MAX(セル範囲)

◆**最小値**
　指定したセル範囲の**最小値**を求めます。

=MIN(セル範囲)

付録　統計処理でよく利用するExcel操作

AP-07　統計処理で利用する関数

◆分散（標本分散）

指定したセル範囲の**分散（標本分散）**を求めます。

=VAR.P(セル範囲)

◆不偏分散

指定したセル範囲の**不偏分散**を求めます。

=VAR.S(セル範囲)

◆標準偏差

指定したセル範囲の**標準偏差**を求めます。この関数により算出される数値は**分散（標本分散）の平方根**となります。

=STDEV.P(セル範囲)

◆標準偏差（推定値）

指定したセル範囲の**標準偏差**を求めます。この関数により算出される数値は**不偏分散の平方根**となります。

=STDEV.S(セル範囲)

◆平均値の誤差

危険率、標準偏差、標本数を指定すると、平均値の誤差を算出できます。この誤差を標本平均にプラスマイナスすると、**平均値の信頼区間**を求められます。ただし、標本数が多く、標準偏差の誤差が少ないと考えられる場合しか利用できません。

=CONFIDENCE.T(危険率, 標準偏差, 標本数)

◆ tの値

t分布におけるtの値を返します。引数には、危険率と自由度を指定します。

=T.INV.2T(危険率, 自由度)

◆ t検定

指定した2つのセル範囲について、「平均値の差」を検証するt検定を行います。算出結果には、tの確率値が表示されます。

=T.TEST(セル範囲, セル範囲, 片側/両側, t検定の種類)

◆ Fの値

F分布におけるFの値を返します。引数には、危険率と2つの自由度を指定します。

=F.INV.RT(危険率, 群間の自由度, 群内の自由度)

◆ F検定

指定した2つのセル範囲について、分散を比較するF検定を行います。算出結果には、Fの確率値が表示されます。

=F.TEST(セル範囲, セル範囲)

◆ χ^2の値

χ^2分布におけるχ^2の値を返します。引数には、危険率と自由度を指定します。

=CHISQ.INV.RT(危険率, 自由度)

◆ χ^2検定

「比率の差」を検証するχ^2検定を行います。この関数を利用するには、あらかじめ期待値を算出しておく必要があります。算出結果には、χ^2の確率値が表示されます。

=CHISQ.TEST(実測値のセル範囲, 期待値のセル範囲)

索 引

【Excel関数】

AVERAGE	3、48、202
CHISQ.INV.RT	126、204
CHISQ.TEST	131、204
CONFIDENCE.T	64、203
COUNT	87、202
F.INV.RT	138、204
F.TEST	83。204
MAX	7、202
MIN	8、202
SQRT	59、202
STDEV.P	32、203
STDEV.S	203
T.INV.2T	57、204
T.TEST	107、120、204
VAR.P	26、48、203
VAR.S	53、203

【英数字・記号】

95%信頼区間	54、59、73、118
99%信頼区間	55、64、73
F検定	82、83、108、204
Fの値	138、156、204
F分布	136
F分布表	139
t検定	81、86、96、106、112、204
tの値	55、57、86、96、113、204
t分布	57
t分布表	56
Welch法	96
χ^2検定	121、204
χ^2の値	126、204
χ^2分布表	127

【あ】

アドイン	13
アンケート調査	70
因子間変動	136
演算記号	172
オート SUM	175
オートフィル	185
オートフィル オプション	188

【か】

カイ2乗検定	121
関数	174、186
関数の挿入	178
危険率	57
期待値	122
帰無仮説	80、122
級間変動	136
級内変動	136
グラフ スタイル	201
グラフ タイトル	194、198
グラフの色	197
グラフのサイズ	22
グラフの編集	193
グラフ要素	193
グラフ要素を追加	194、199、200
群間の自由度	137、138
群間の分散	137
群間の変動	136
群内の自由度	137、138、155
群内の分散	137、156
群内の変動	136、155
検定	78
交互作用	155、165
交互作用の自由度	155
交互作用の分散	156

205

交互作用の変動	155
誤差変動	136

【さ】

最小値	3、7、202
最大値	3、7、202
サンプル調査	46
軸	194
軸の書式設定	196、200
軸ラベル	194、199
自由度	57、86、96、113、137、155
小数点以下の桁数	191
水準	154
推定母分散	86
数式	172、186
数式バー	180
正規分布	65
絶対参照	183、187
セル参照	172、183、186
セルの書式設定	189
セル範囲	181、183、186
全数調査	46
全体の自由度	137、155
全体の変動	136、155
相対参照	183、187

【た】

対応がある	112
対立仮説	80、122
次の級	20
等分散	83、86、109
度数分布グラフ	11

【な】

二択調査	70

【は】

凡例	194
引数	174

ヒストグラム	11
表示形式	189
標準誤差	55
標準偏差	31、66、203
標本	46
標本数	87、202
標本調査	46
標本分散	48、51、203
標本平均	47、50、202
不等分散	83、96、110
不偏分散	52、203
分散	25、136、137、156、203
分散分析	134、140、154
分析ツール	13、92、103、120、150、166
平均値	3、54、78、202
平均値の95%信頼区間	54、59、70、79
平均値の99%信頼区間	64
平均平方	136
平方根	59、202
平方和	136
偏差値	34
変動	136、137、155
母集団	46
補助目盛線	200
母分散	51
母平均	50

【ま】

目盛線	194、200

【や】

要因	154、165
要因の自由度	155
要因の分散	156
要因の変動	155

【ら】

ラベル	105

■著者紹介

相澤 裕介（あいざわ ゆうすけ）

4年間の出版社勤務を経たあとフリーのテクニカルライターに転身。現在はパソコン系の書籍を中心に執筆活動を続けている。お酒と麻雀が大好きで、朝が苦手な夜型人間。
名古屋大学大学院　工学研究科　機械情報システム工学専攻（修了）

先輩が教える㉞
統計処理に使う
Excel 2019 活用法

2019年6月10日　初版第1刷発行

著　者	相澤 裕介	
発行人	石塚 勝敏	
発　行	株式会社 カットシステム	

〒169-0073 東京都新宿区百人町4-9-7　新宿ユーエストビル8F
TEL　（03）5348-3850　　FAX　（03）5348-3851
URL　http://www.cutt.co.jp/
振替　00130-6-17174

印　刷　シナノ書籍印刷 株式会社

本書の内容の一部あるいは全部を無断で複写複製（コピー・電子入力）することは、法律で認められた場合を除き、著作者および出版者の権利の侵害になりますので、その場合はあらかじめ小社あてに許諾をお求めください。

本書に関するご意見、ご質問は小社出版部宛まで文書か、sales@cutt.co.jp 宛に e-mail でお送りください。電話によるお問い合わせはご遠慮ください。また、本書の内容を超えるご質問にはお答えできませんので、あらかじめご了承ください。

Cover design Y.Yamaguchi　　　　　　　　　　Copyright©2019　相澤 裕介
Printed in Japan　ISBN 978-4-87783-465-4